黃阿瑪的
後宮生活
Fumeancats

後宮交換日記

本書是貓咪內心的獨白日記！

喵～　喵～

喵～

奴才：「阿瑪儘管吩咐，奴才使命必達！」

執喵之手，與喵偕老。

阿瑪：「那……幫朕和後宮們清一輩子的貓砂吧！」

阿瑪：「朕覺得大家的日記都寫得很真實呢！」

柚子：「浣腸！你有沒有好好在寫日記啊？」
浣腸：「有啦！我都在睡前寫的噢！」

萬睡皇朝

後宮成員介紹 & 快問快答

後宮的貓咪全都是米克斯，也可稱台灣短毛貓，他們都是奴才領養或撿來的。

子民們，請跪安！

大家好！

柚子真失禮！

♂ 黃阿瑪 → 皇上　　　♀ 招弟 → 皇后　　　♀ 三腳 → 娘娘

生日 2007/01.07	生日 2011/06.01	生日 2007/08.04
2011 年創立皇朝	入宮 2011/06.19	入宮 2011/08.04

朕是萬睡皇朝皇上，出生在臺北陽明山，整個天下和子民都是朕的。	我是皇后，跟皇上一樣來自陽明山，我覺得很榮幸。	我是掌管後宮秩序的娘娘，誰都不准在後宮失儀，我會好好看著的！
① 化毛膏、小魚乾	① 貓草	① 別人的飯
② 調戲妃子、睡覺	② 在皇上身旁睡覺	② 管秩序
③ 奴才的桌邊	③ 有皇上的地方	③ 我的窩啊
④ 當然是剪指甲	④ 被抱	④ 被摸屁股
⑤ 當然有	⑤ 有喔	⑤ 有啊！廢話！
⑥ 21 小時	⑥ 19 小時	⑥ 18 小時

後宮快問快答 題目　① 喜歡吃　② 喜歡的事情　③ 喜歡的地方

別跑～

後宮的兩位奴才 - 志銘與狸貓，是
皇朝中最卑微的角色。

柚子在幹嘛…

抓鳥吧？

嗨！我有點
鬥雞眼～

投可史 Socles ♀ ↳小主	嚕嚕 ♂ ↳王爺	柚子 ♂ ↳小王爺	浣腸 ♂ ↳皇子
生日 2010/04.20 入宮 2012/01.20	生日 2007/07.14 入宮 2012/07.14	生日 2013/09.20 入宮 2013/11.01	生日 2015/04.12 入宮 2015/05.31
我其實是勉為其難成為小主的，我從不侍寢的。	哼！什麼王爺，有一天我要篡位變成皇上！	幹嘛叫我自我介紹，我要玩！到處玩！（跳）	嗯？我不知道該說些什麼，我有點緊張啦……
1 貓草	1 吃的都喜歡	1 化毛膏	1 小魚乾
2 躲起來	2 被摸全身	2 抓小鳥姊姊	2 亂尿尿
3 角落	3 人的旁邊	3 落地窗前	3 都喜歡啊！
4 被阿瑪摸	4 剪指甲啊！	4 玩具被藏起來	4 剪指甲！
5 有喔…	5 很久以前有	5 沒有……	5 有，好可怕
6 16 小時	6 19 小時	6 16 小時	6 18 小時

4 討厭的事情　　5 流浪經驗　　6 一天睡多久

偶爾管教

不喜歡…

朋友

尊敬

!!?

不喜歡…

討厭

很好奇!

喜歡

《後宮錯綜複雜的關係圖》

好奇！

喜歡！

老伴

敬重

尊重！

管理
全後宮！

CONTENTS

PART 1　入宮前的生活 014

寫日記很辛苦呢！

哦？

呵呵！

PART2 後宮私生活 134

PART3 後宮內心話 184

後宮們的日記，有笑有淚啊……

阿瑪序

自從上次奴才幫朕出了第一本書後，朕一直有個想法，那本書雖然寫得不錯，但那都是用奴才角度寫的故事，不是我們自己真正的心聲。所以這次朕決定，就用我們貓咪的角度來寫吧，這樣一來，大家必定會看得更津津有味，於是乎這本「後宮交換日記」就誕生了。

記者訪問阿瑪中

Q：寫日記時，有遇到什麼困難嗎？
瑪：因為後宮很吵鬧，每次寫日記都得到半夜時分才有空寫。

Q：你覺得誰的日記最混？
瑪：柚子或浣腸吧？他們每次都花好多時間在玩你追我跑，不然就是站在落地窗前看一整天的小鳥。

12

奴才序

自從認識了阿瑪,我就時常思考著,他口裡那些喵喵叫的話語,
究竟代表著什麼意義,貓咪在日常生活中,到底又有些什麼樣的
需求呢?雖然我們不是動物溝通師,但唯獨面對自己所愛的這些
主子們時,因為瞭解他們的習性,因為試著解決他們的種種需求,
久而久之,彷彿也就若有似無地學會了他們的語言。

如果《阿瑪建國史》讓大家初步認識了阿瑪及後宮,那麼《後宮
交換日記》便是透過後宮成員的各自表述,揭開他們最深沉的內
心世界。誰說人類聽不懂貓咪的語言?我相信,只要夠愛他們,
就什麼都聽得懂了!

奴才 / 志銘

在戲劇裡,有時男主角只要輕輕給女主角一個眼神,不需要任何
話語,女主角就可以馬上瞭解他的意思,然後向前擁抱或是往後
淚奔,當然,這不是指路上的邂逅或搭訕,而是在兩人了解彼此
的前提下,才有可能發生。

我住在有貓咪的屋子裡,至少也快七年了,貓咪隨便一個眼神,
我就知道他大概在想什麼,小小的一個動作,就會明白他大概需
要什麼。也許這些對沒養過貓的人來說,彷彿天方夜譚甚至覺得
可笑,但對於被貓豢養過的人類來說,這是再自然不過的事情。

而左邊那隻阿瑪,想的當然是……「朕餓了!」

奴才 / 狸貓

入宮前的生活

灰胖：「來不及參與的後宮生活。」

阿瑪：「回想過去，那些不為人知的往事。」

奴才：「另一個生命。」

招弟：「當不當皇后，其實不重要。」

三腳：「險惡的世界。」

Socles：「一去不回的太醫院。」

嚕嚕：「原來我是一隻貓。」

柚子：「照顧和被照顧。」

浣腸：「緊張的我。」

來不及參與的後宮生活

written by 灰胖

2008-2011

灰胖:「時間總是不等人……要珍惜當下啊!」

灰胖也曾經跟朕一起曬太陽呢～

還沒認識阿瑪的那段歲月

好幾年前，我也曾住在這個地方，但當時只有我自己，這裡也還稱不上後宮，又過幾年後，才依序有了阿瑪和招弟。雖然我早就離開了，但看到現在的後宮這麼熱鬧，實在替你們覺得開心，想當年，招弟還只是個小朋友，轉眼間，阿瑪的萬睡皇朝已經建立，後宮成員越來越多，招弟也早已亭亭玉立，變成美麗的皇后了呢！

記得小時候，我和我的兄弟們被關在一個冷冰冰的透明玻璃窗裡，每天都覺得好冷，所以常靠在一起取暖。外面的世界，則是人來人往的，總是非常嘈雜，每天總有人透過玻璃窗看著我們，並且指著我們說好可愛，有時人潮很多，那個把我們關起來的人，會把我們抱起來輕輕撫摸，一副和藹可親的樣子，但是每到夜晚人潮散去之後，他就對我們好兇，或對我們不理不睬，也不幫我們清理便便，有時候我們甚至一整夜都沒有水喝，等到早上又開始出現人潮之前，才又幫我們裝滿水。

改變命運的開始

我以為我與兄弟們會一起在這裡待一輩子，每天吃草喝水，過著日復一日、一成不變的生活…… 直到那天，志銘奴才出現在我眼前，我的兔生就這麼改變了。

其實以前也常常有人來把我的其他兄弟帶走，而且被帶走的兄弟，總是一去不回。那天見到志銘奴才時，雖然透過玻璃，但從他的眼神裡，我感受到不一樣的溫度，雖然不知這樣的預感是好是壞，但那時我就猜到，他是要來把我帶走的。以前的我從沒想過，有天會輪到我離開這個地方，我沒任何心理準備，更不知道這天會來得那麼快，當下有一種奇妙的感覺，說不上是開心或是難過，那一刻我只感覺到，內心充斥著滿滿的不安。

耳朵折起來了！

迷你兔
一隻 300 元

300 元，就是我
的價值嗎？

離開時，心裡突然湧現了些許不捨，本想最後一次別過頭道別我的兄
弟們時，卻意外瞥見旁邊貼著一張牌子，上面寫著：「迷你兔一隻
300 元」，噢！原來我是迷你兔啊。雖然我不知道三百元是多少錢，
但應該就是代表著我的價值吧，不過，這些我都不在乎，也都不是我
該煩惱的事情，我唯一的信念就是：努力吃草、大口喝水，每天都開
開心心的，那就沒什麼不滿足的吧。

隨著奴才離開那地方後，我才知道外面竟然有這麼多我從沒見過的事
物，有汽車、房子、樹木、花朵，還有好多好多我沒看過的，各式各
樣的稀奇事物。在奴才家的生活，少了兄弟們的陪伴，難免感覺變得
有點無趣，不過還好有奴才們常常陪伴我，飲食方面也不用再像從前
那樣跟兄弟們爭搶，隨時有吃不完的草和喝不完的水，說實在的，這
樣的日子也算過得十分愜意。

灰胖：「原來，世界不是只有那個小小的玻璃窗。」

灰胖:「阿瑪躺在我的籠子裡 …… 感覺好大啊!」

最重要的朋友

對我而言,「阿瑪」是我最重要的朋友,認識他就是我最開心的事情。雖然一開始,真的覺得阿瑪好討厭,因為他實在太大隻了,又跟我長得完全不一樣,打從心底就一直覺得他應該會很兇,但實際相處過後,才發現阿瑪只是體型壯碩,但實際卻是個憨厚的好好先生,舉凡我打他或咬他,他都不會還手喔,算是滿有君子風度的。後來我們經歷過好多事情,一起在籠子裡睡覺、一起追逐玩鬧、一起洗澡(阿瑪還一邊大叫著:「灰胖快救朕!」現在回想起來覺得真是可愛),打從一開始的不打不相識,到後來總是互相鼓勵安慰,這輩子能有一個這樣的真心好友,真是上天給我最棒的禮物。

灰胖：「這是當年在奴才家外的櫻花樹啊！雖然季節一過馬上就凋
零了，但這種美，是會放在心裡一輩子的。」

放在心裏一輩子

謝謝奴才把我帶到他們的身邊，讓我享受溫暖、享受被愛的幸福，能夠在後宮生活過，真覺得自己好幸運！希望現在後宮的大家，都要好好聽阿瑪的話，阿瑪有點年紀了，大家別惹阿瑪生氣喔，阿瑪也要自己照顧身體健康啦，太胖真的不好喔！我會在遠方祝福你們，永遠都支持你們、愛著你們喔！

灰胖

跟狸貓奴才在陽明山的合照！

小知識

灰胖身體虛弱的原因

「領養代替購買」的觀念直到近幾年才慢慢開始被重視，當年奴才在知識不夠健全的情況下，於寵物店買了灰胖，不知道是該寵物店的衛生環境差，還是繁殖場惡性繁殖的緣故，導致灰胖從小身體就虛弱，三天兩頭就要跑醫院一趟，雖然在奴才悉心照料之下，仍因疑似心臟病而離開了阿瑪與奴才，結束了其短暫的一生。

謝謝奴才當時
細心照料我。

什麼！

阿瑪點評

阿瑪：「大膽！沒想到灰胖竟然是寵物店買來的兔子！奴才當時真是不懂事，竟然花錢買了灰胖，而且，灰胖怎麼可能只值三百元，在朕的心中，灰胖可是世間至寶，價值連城啊！」

阿瑪

TITLE 回想過去，那些不為人知的往事... written by 阿瑪

阿瑪：「因為那些過去，讓朕更知道現在的生活，是值得珍惜的。」

2009/1/6

阿瑪：「在外面流浪時，看到食物都會特別開心呢！」

還沒登基前的歲月

朕從前住在陽明山上，每日的生活如履薄冰，危險無所不在，一不小心就可能失去性命，朕也因此失去了好多朋友。好幾次，朕親眼目睹他們被欺負、被狗追趕、被玩弄、甚至被壞人毆打，但朕除了憤怒，卻無能為力，什麼忙也幫不上。因此曾有段日子，朕變得成天緊張兮兮、害怕人類、也不相信人類，拒絕與人類親近，但畢竟這世界萬物並非全然絕對，後來朕陸續耳聞了一些夥伴遇到了好的人類，甚至接受人類的援助，有了嶄新的生活，還聽說有的夥伴自從遇上人類奴才後，便開始不愁吃穿，整天飯來張口，連打獵都忘了該怎麼做，雖然不知道他們後來過得如何，但既然甘願放棄自己與生俱來的本領，想必是跟著人類回去享清福了吧，那時覺得他們真是幸運，雖然不再意氣風發，但也不必再像朕一樣，每天忍受風吹雨打，過著有一餐沒一餐的生活了。

家好難找

朕想要有個家，也想要有奴才可以使喚，於是開始每天在路上閒晃，只要一看到順眼的奴才，就會跑上去命令他們迎朕回去，但不知是不是朕太胖了，抑或是長得不夠帥氣，縱使有些奴才停下了腳步，也不過是摸摸朕，便拍拍屁股走人，朕無法理解，為何已經放下身段求人，卻遲遲沒有遇到願意接納朕的奴才。

想當年，朕一直
找不到奴才，真
的是很無奈呢。

2015 年的阿瑪

29

阿瑪：「噢～該該！你的飯給朕吃一下！」

遇到志銘奴才的那天

一開始，志銘奴才對朕愛理不理的，甚至還繞路假裝沒看到朕，不過他憨憨的，一副就很好欺負的樣子，於是朕決定走過去跟他討個保護費，果不其然，朕順利得到了一個好吃的罐頭，但一個怎麼夠，於是朕又吩咐他：「朕還要吃！」沒想到他竟然聽得懂，乖乖的又去買了一個，不過沒等朕吃完，他就想離開，朕心想快要到手的奴才怎麼可以讓他飛走，於是放棄眼前的美食，追向前去。

跟著跟著，才發現他住在地下室，屋子還破破舊舊的，果然是窮學生啊，這讓朕不免有些擔憂。小心翼翼觀察四周的環境及安全逃生路線後，朕發現有一盆好大的水盆，剛好想喝水解解渴，便飲用了起來，沒想到才喝沒幾口，志銘奴才就朝著我衝過來，一副要襲擊朕的樣子，朕情急之下便迅速飛奔逃走了。直到現在朕都不了解，當時的志銘奴才到底是怎麼回事啊。

朕……以前那麼瘦啊！！

2015 年的阿瑪

之後朕持續在那附近徘徊，便是希望若有機會再遇到志銘奴才，一定要好好質問他，為什麼要那樣嚇唬朕，並且要求他接朕回家。直到晚上，朕在某間房門口聽到他的說話聲音，而且還聞到了食物的味道，馬上激動的對著門內吶喊著，沒多久門就被打開，朕迅速衝到食物旁邊，旁邊還有一隻黑白色的喵星人（後來才知道他叫作該該），他很識相地馬上讓開，朕快速地幫他收拾完盆裡的食物後，一抬頭才發現原來眼前有好多人，而且他們正在討論朕。

不識相的奴才

朕一眼就認出志銘奴才，對他碎唸了幾
聲之後，就準備找個舒適的角落，打算
在這長住下來，沒想到志銘奴才卻完全
沒打算收留朕的意思，他們幾個甚至想
把朕放在網路上讓大家認養，真是太令
朕傷心了，「一定會一堆人搶著要朕
的，你們就不要後悔！」朕心裡面暗自
這樣思忖著。

朕占領你的毛巾了！
你確定不把朕留下嗎？

毛巾
↓

2009 年的阿瑪

中和時期的阿瑪

當朕一輩子的奴才

在等著把朕拱手讓人的這段期間裡，本以為志銘奴才會暫時收留朕，沒想到這個沒用的志銘奴才竟然害怕喵星人，於是朕被安排住在另一個奴才狸貓的房裡。

狸貓奴才比志銘奴才清瘦很多，感覺好像也滿好的，這樣朕就不用怕被吃垮了，而且朕發現，狸貓奴才更好欺負，朕說什麼他都會答應，每天給朕很多好吃的，還會幫朕按摩捶背，這不就是朕從前幻想中那種「飯來張口」的生活嗎？不過，他對朕越好，越讓朕感到憂傷，不知道朕還能待在這多久呢？朕覺得最適合朕的地方就是這裡了，真不想離開啊。

後來，時間證明一切都是朕白擔心了，朕的認養文放到網路上，好幾個月過去，都沒有人想要收留朕，想來真是不可思議，朕如此相貌堂堂，竟然沒人看得起朕？不過這樣也好，朕就順理成章在這邊住下，奴才們總算是跑不掉了。

阿瑪

如果沒有遇見奴才，
不知道朕現在會在
哪裡呢？

這時候朕開始有點發
福了呢，哎呀！

阿瑪：「後來，奴才似乎是想要給朕更好的環境，工作室陸續搬了幾次家，
不過其實到哪邊都沒關係啦，有得吃、有得睡，朕就滿意了！」

不要再喝我了啦！

廁所地板涼涼的～又有
水可以喝，真的很棒！

奴才點評

奴才：「阿瑪所說當初看到的那個大水盆，其實是我們雅
房走廊的廁所馬桶水，因為看到阿瑪正在喝馬桶水，才會
情急之下想要阻止，沒想到卻讓阿瑪以為我們要揍他，一
溜煙的跑走了。」

奴才

小知識

阿瑪是什麼品種？

時常有許多人會問：「阿瑪圓圓胖胖的樣子好可愛，他是什麼品種的呢？」其實只要熟悉阿瑪的人就都會知道，阿瑪不是什麼特別的品種貓，他是米克斯貓，所謂「米克斯」（mix），就是混種的意思，與我們平常在街道上會遇見的流浪貓，並沒有任何差別。至於如何養得圓圓胖胖，其實很簡單，只要用心照顧，讓他們吃飽睡暖，他們就都可以這麼惹人憐愛。

在台灣，許多人對於貓咪有品種迷思，認為一定要是在寵物店購買的品種貓咪，才是乾淨健康的，而在外面看到的流浪貓就都是骯髒、充滿疾病的，其實這樣的觀念真是「非常非常非常」錯誤的。

阿瑪當初就是一隻在路邊流浪的野貓，在經過悉心照料之後，如今卻變成被數十萬人景仰的皇上。品種貓很可愛，但是卻有著許多我們不得不面對的問題，他們之所以受到歡迎，是因為他們先天上的特殊性狀基因（例如：折耳、短腿、扁臉……），而這些特徵除了是他們的特色之外，更是他們的缺陷，使得這些貓咪們因此有很多先天上的疾病，害得他們吃盡苦頭，也讓照顧他們的奴才需要每月支付龐大醫藥費用。寵物店總會跟你再三保證這些品種貓都是純種的，但是這些缺陷，卻是他們永遠不會告訴你的真相。

希望大家都能領養代替購買，沒有買賣，就不會有繁殖場的存在，也不會再有這麼多貓咪們受苦受罪了，但如果你也像從前奴才一樣，在無知的情況下購買了寵物，也請用心對待他們，千萬不要因為他們有任何疾病而拋棄他們，請愛他們一輩子。

奴才

朕是易胖體質啦！
跟品種沒有關係～

阿瑪點評

阿瑪：「沒錯～大家不要再購買寵物了啊！太多可憐的

心酸故事了……」

阿瑪！

另一個生命

written by 奴才

Day 2015

奴才:「他們不只是寵物，而是家人。」

奴才：「灰胖……」

人類與寵物

自古以來，人類自稱是萬物之王，把其他生物當做附屬品，對人類而言，總把對寵物的愛當作是一種恩惠的施捨，卻忘了對他們而言，卻是把人類當作平等的朋友、愛人來對待。

關於對生命的認識，首先要感謝灰胖。最初是在夜市看到可愛的灰胖，便花錢把他買了下來，當時心裡並沒有想太多，只覺得眼前的兔子好可愛，又心想自己若是買了他，或許可以幫助他脫離苦海，給予他幸福的生活。我相信多數購買寵物的人，在購買當下都是這樣想的，但在多年後，灰胖過世之時，我才真真切切感受到自己的無知。販賣寵物的人利用我們的同情心，不斷繁殖這些生命，對他們而言，寵物只是商品，儼然只剩下賺錢功能的工具，而購買寵物的我們更成為這整個寵物惡性繁殖的最大幫兇，我們買了這些孩子，但卻害他們的父母一輩子活在水深火熱當中，我們花錢讓他們自由，卻造成更多無辜的寵物淪為種公種母，一輩子失去自由。

奴才:「謝謝灰胖陪伴阿瑪、陪伴我的那些日子。」

不只是一隻兔子

灰胖離開的那一刻,我傷心得淚流滿面,我深刻體會到他是一個真正曾經存在我生命中的,另外一個生命,我哭泣是因為我愛他、捨不得他,不只是因為他是一隻兔子,而是因為他是灰胖,與我一起製造過許多甜蜜回憶的灰胖,那份愛就像是我們身邊習以為常的家人朋友般,那樣平凡卻可貴,那麼,這樣的愛又怎麼可以用金錢來計算呢?

如果說是灰胖教我認識生命,那麼阿瑪對我的意義,便是讓我學習珍惜生命,除了讓我更重視他們的健康之外,更重要的是珍惜有他們一起互相陪伴的這些美好時光。

奴才：「阿瑪偶爾還是會窩在灰胖的窩裡睡覺。」

奴才：「三腳很喜歡撒嬌～喜歡待在人旁邊。」

朕只是取暖，
不是撒嬌喔。

奴才：「阿瑪很嘴硬。」

無法規畫的緣分

其實一直以來，「養貓」這件事都不在我的人生規畫裡。

從小到大，貓咪給人的刻板印象總是蒙著一層神祕的面紗，再加上關於貓咪的那些恐怖傳說，總是存在於我們的生活日常，因此對貓咪就一直沒有什麼好感，直到大學時期遇見室友們的貓咪，才開啟了第一次與貓咪親密接觸的體驗，緊接著不久後，阿瑪就出現在我們的生活當中，我想這就是命中注定吧。

緣分就是如此奇妙，讓本來對貓咪都沒有好感的兩個人，先是陸續分別認識了不同的幾隻貓咪，對貓咪有了初步了解，緊接著又安排阿瑪到我們的生命當中，陪我們練習這些生命的課題。

奴才：「阿瑪覺得我很蠢……」

這……你臉貼太近了！

奴才：「阿瑪～不要拒絕我嘛！」

設身處地為他們著想

阿瑪的出現，讓我們學會照顧另一個生命之外，也讓當時灰胖的生活有了精采的變化。轉眼間，灰胖已經離去好幾年了，而這些年來，每每想起灰胖，就會更加珍惜與阿瑪和後宮們的點點滴滴，時常擔心他們生病，反覆猜想他們是不是有什麼不開心？或是自己哪裡做得不夠好？總是提醒自己，要設身處地，站在他們的立場，替他們體貼著想。

謝謝阿瑪及後宮們，不厭其煩的陪著我們，度過辛苦與幸福的每一天，也希望後宮的大家都能長生不老，萬睡皇朝萬睡萬睡萬萬睡。

奴才

小知識

突擊惡劣繁殖場！

大家都知道要以「領養」代替「購買」，不該有品種迷思，其實不管是什麼貓，不管什麼花色，他們都是一樣可愛的。很多人只看到寵物店裡那些品種小貓可愛耍萌的一面，殊不知這些可愛小貓的爸爸媽媽，正在我們看不見的角落受苦著。他們被迫不停的繁殖，不僅一輩子待在骯髒的環境，也缺乏妥善的照顧，試想，住在像照片中環境的貓爸媽，生下來的貓咪會是健康的嗎？

卡滿了貓毛！

奴才：「種公種母一輩子生活的環境，跟寵物店內的光
鮮亮麗比起來，真的有如天壤之別。」

這邊的貓沙，好久好久沒清理了。

奴才：「這就是所謂的品種貓繁殖場……」

在台灣，許多繁殖場都是非法的，即使有些是合法的，但在現今法令寬鬆不嚴謹的動物保護法下，仍然有許多漏洞，導致許多所謂「合法繁殖場」，其實是用合法證照來掩護非法，繁殖場內髒亂不堪、惡臭四溢，貓砂盆內的貓砂許久沒更換，早已變得泥土塊狀，也無人清理。這些種公種母就在這樣惡劣的環境之下，不斷被迫生育，就算滿身疾病，只要還有生育價值，就永遠不會停止這樣的噩夢，直到他們無法再生，才會被賤價賣出，若賣不出便丟棄至收容所，更甚者直接野放或是殺害。

我們應該想想，今天我們若是買了這些寵物店的品種貓犬，便是在助長這些惡劣的繁殖場，更是變相成為這些可憐受害貓咪們的加害幫兇，如果真的愛貓愛狗，我們應該給這些「米克斯」一個機會，但願在未來，「寵物買賣」能儘早成為歷史課本中的名詞，這些生命都能得到重視。

照片提供 - 林寶寶 . 2015 台中拍攝

> 其實我並不清楚自己是怎麼當上皇后的。

招弟：「不爭奪、不強求，是我的貓生之道。」

招弟：「那時候真的很可怕……」

兒時記憶

依稀記得年幼時，我和家人住在某個山區，樹邊的小草叢間就是我們的家。在那兒的生活十分清苦，我們年紀小，還沒學會謀生能力，只能靠母親冒著風雨外出，替我們覓食，雖不能時常溫飽，但只要一家永遠待在一塊，倒也覺得十分幸福。

幸好，餓肚子的日子沒過太久，幸運女神就降臨在我們身上。某天，母親遇到了一位善良的人類姊姊，她看見母親瘦弱的身軀，便好心準備食物讓她享用。從那天起，母親常常一出門就能遇到姊姊，於是省去了好多覓食的時間，我們一家人也因此多了許多相處時光。

空前未有的狂風暴雨

某日醒來，發現外頭正在颱風下雨。打從出生後，因為生活在山區，再糟糕的天氣對我們來說，都不算什麼稀奇的事，只是，這場風雨和往常不同，不僅把好多樹木都吹垮了，甚至地面上也出現好多被打落的招牌殘骸。安全起見，我們躲在樹叢裡等待雨停，母親則為了幫我們覓食，冒著危險跑了出去，我們就這樣餓著肚子，待在家裡眼巴巴等著母親，但直到天黑，風雨不但沒有變小，還變得越來越大，而母親從早上出門之後，就再也沒回來過。

那個夜晚，就像是一場噩夢，而最後醒來的，只剩下我自己。

有時候生命真的很短暫，也很脆弱，所以請對我們溫柔一點。

隔天一早，我拖著飢餓疲憊的身軀，想到外面尋找食物及家人們，路上一片滿目瘡痍，殘破髒亂的景象讓我全然失去了方向感，正當遍尋不著之時，我看見了那位人類姊姊，四目相接之後，她一步步慢慢走過來，蹲下並輕輕將我捧起，接著便帶著我一起回家了。

跟著姊姊回家之後，才發現這世界上竟然有這樣好的房子，不但堅固又能遮風避雨，還有享用不完的食物和水，真是太舒適了！正當我思考著該如何找回家人的同時，姊姊告訴我，母親及家人都沒能熬過那晚的風雨，不會再回來了，並且姊姊也無法照顧我，但承諾一定會替我找到好的歸宿，然而姊姊所說的那好歸宿，便是阿瑪的後宮。

有家真的很好，有吃的，有睡的……也不用擔心有危險了。

進入後宮

第一次見到阿瑪那巨大威武的身軀時，說不害怕都是騙人的，簡直惶恐極了。本以為阿瑪會疾言厲色、不苟言笑，但是實際接觸過後，才發現看似嚴肅霸氣的阿瑪，內心深處可是個風度翩翩的柔情男子。

奴才則是進入後宮之後的第二個驚喜，以前只聽聞母親說著人類有多好多善良，經歷了那位山上姊姊之後，又遇到後宮的眾奴才們，這才明白，人類可真是我們的避風港，我何其有幸，能有這個福分進入後宮，陪伴阿瑪，與後宮的大家一起生活著。

招弟：「這時候的我大概才 3、4 個月大吧！」

招弟：「我喜歡靜靜的觀
察大家，靜靜的躺在沙發
上睡覺，或者坐在窗台邊
看風景……」

安分守己

然而從小到大，我從不喜歡爭奪，就連從前姊妹們拚命呼嚕想討母親歡欣
時，我也只是待在角落不願強出風頭。進入後宮以後，我日日謹守自己的
本分，珍惜這得來不易的福澤恩惠，只要能一直陪著阿瑪吃飽穿暖，其他
便無所求了。話說回來，三腳姊姊容貌出眾，生命歷練更是遠遠勝於我，
實在不明白自己怎會成為皇后，雖然很開心成為皇后，但是就算不當皇后
也是不會怎樣的，對我而言，這些都只是虛名罷了，都是可有可無的。

招弟:「大家都在吃什麼?有魚的味道?好香……好香啊……」

我只希望阿瑪及後宮的各位都能平安健康,萬睡皇朝千秋萬世,喔對了,另外我想提醒一件事:雖然我從不爭奪些什麼,但希望奴才以後分送小點心時,別因為我不大聲爭奪,就老是忽略我,好嗎?

招弟

招弟：「後宮真的很棒，可以遮風避雨，可以曬到太陽，還可以看到阿瑪。」

招弟:「跟阿瑪的合照～」

奴才:「當時那個照顧小招弟的女孩,正是我的大學學妹。學妹原本就有餵養租屋處附近浪浪的習慣,而當時招弟也正是那群浪浪其中之一,招弟所說的那場風雨,就是 2011 年的桑達颱風,颱風過後,學妹發現了唯一存活的招弟,便趕緊帶回家照顧,但由於當時學妹正準備啟程出國留學,才緊急聯絡我,將招弟託付給了後宮。」

奴才

小故事
女大十八變的招弟

人家說「女大十八變」，通常用來形容小女孩「醜小鴨變天鵝」的過程，拿來套用在招弟的「個性」上，也算是非常貼切的形容。然而能讓招弟的性格有如此改變，其中最大的關鍵，莫不過於阿瑪的調教了。

記得當初從陽明山上把招弟帶回來時，招弟的身軀好小一個，縮成一團時比我的手掌還小，

那時的招弟非常黏人，只要一見不到人就會不停吵鬧，直到把她抱起來撫摸，才能讓她安靜下來。當時的招弟可算是她至今貓生中最親人撒嬌的時期，後來她認識了阿瑪，便整天跟前跟後地黏著他，只要一找不到阿瑪，招弟就會陷入恐慌焦慮的狀態，就這樣，招弟正式開始與奴才們漸行漸遠，可說是標準的「重色輕奴」。

以前我很小隻～

招弟……可以理我嗎？

其實這樣的演變不難猜到，在幼貓的成長過程中，如果有可以學習的對象，那自然就會影響他們很深。一開始，招弟只是不主動來撒嬌了，但過沒多久，竟然開始不給抱了，到最後甚至連摸一下，都深深感受得到她眼神所傳達出來的不屑與厭惡。招弟從小看著阿瑪那種傲嬌的態度，她便知道，人類就是奴才，奴才不會害貓，但是終究只是奴才，貴賤親疏有別，不需要過度親近。

因為從小受到這樣的教育薰陶，所以招弟就像阿瑪一樣親人，但也不親人，他們就是如此矛盾，有所求時就會親人，滿足他們之後就會馬上翻臉不認人，仔細想想，這不正是普羅大眾對貓咪最摸不透，卻又愛又恨的經典性格嗎？

奴才

險惡的世界...

written by 三腳

三腳：「一路上風風雨雨，但只要堅持走過來……都會好的。」

外面的世界

我其實是很羨慕招弟的，而讓我羨慕的，不是那「皇后」的名，而是她那顆對世上萬物全然信任的心。招弟自年幼就遇見奴才，順利進入後宮，因此幾乎沒有見過外頭世界的險惡，在招弟眼中，彷彿這世界上都是好人、好貓、好事情，做任何事情便都沒有後顧之憂，也沒什麼煩惱。

但是我就不同了，在我的一生中，從小就在外面過著顛沛流離、三餐不繼的生活，時時刻刻害怕沒有食物，不得下一餐的溫飽，就算好不容易得到了食物，也要謹慎提防被惡貓奪取，每日走在大街上更要時刻當心，一不留神就可能被惡貓惡犬襲擊，甚至可能落入陷阱，重則慘死，輕則如我那左手斷掌，一輩子再也無法肢體完整。

三腳：「外面的壞貓和壞人，真的很多！」

無奈的堅強

我也想像招弟那樣溫柔婉約、舉止優雅，但是見過的壞貓實在太多，這一直都成為我內心的痛，和無法忘記的恐怖回憶。以前在那個社區遇到的公貓個個都不是善類，他們看我一個弱女子，又有殘疾跑不快，便時常來找我麻煩欺負我，雖有時我的孩兒們會擋在前頭護著我，但是他們畢竟不是分秒伴隨在側。因此，學著武裝自己，學著恫嚇敵人，便是不得不必備的求生技能，雖然跑不夠快，但只要讓自己看起來再威嚴一些、兇狠一些，多少是能讓那些無禮之徒稍稍卻步的。

但是不論外表再怎麼剛強，仍敵不過那些力大無比的惡劣公貓，平時裡，他們強盜奪取我們的食物，還時常追打我們，除此外，每當春花秋月之期，他們便會緊抓著我不放，逼迫我一次又一次地懷胎生子，那種感覺簡直生不如死，還好後來遇到了兩個學生奴才，他們讓太醫替我動了手術，自此以後，才免了受這些苦。

終於找到避風港

仔細想來，我這一生遇到的人類，大多是善良的。從小我生長在一個社區裡，有個一樓的人類家庭曾是我的避風港，每當我被惡犬惡貓追逐時，我必定會毫不猶豫地往那個家的方向跑去，他們會保護我，幫我驅趕那些大壞蛋。後來不知道什麼緣故，他們全家都不見了，我和我的孩子們，連續餓了好幾天，才遇到那兩個好心的學生奴才收留我們，還替我們找家。一直到後來進入後宮，遇到這些奴才們，也都把我們視為珍寶、呵護備至。

但貓可就不同了，後宮除了人類之外，
還有許多貓，而且除了母貓之外，還有
好多隻我最討厭的公貓，雖然其中包含
著貴為天子的阿瑪，但他終究是一隻公
貓，再怎麼說，我從前吃公貓的虧可說
是不計其數，進後宮後自然不得不提防。

誰？誰偷說朕壞話？

阿瑪

你想太多了⋯⋯

阿瑪！你在看我對不對？看你那副色迷迷的樣子⋯⋯你一定對我有遐想，對吧？

三腳：「是我想太多嗎？」

原來，也有好公貓。

起初，後宮裡雖只有阿瑪一隻公貓，仍讓我非常害怕，阿瑪高大威武，又時常色迷迷的看著我，總讓我心生恐懼，過去那些不堪回首的往事，便不由自主地襲上心頭，再加上阿瑪食量極大，為求溫飽，我除了保護自己，還必須武裝自己。然而當我準備好要使出全力來對抗這隻胖公貓時，才發現，原來並不是每隻公貓都那樣野蠻兇狠。

每當我對著阿瑪怒吼時，他只會瞇著眼睛不敢直視，不像從前那些街上壞貓總是主動出手攻擊我，嚴格說來，阿瑪還算是個君子；就連後來進宮的嚕嚕，雖然一副壞貓臉，但至今也不曾真正做過傷害我的事；至於柚子與浣腸，畢竟是沒有心機的孩子，倒也沒什麼好害怕的。但不知為何，或許是從前被欺負得怕了，面對這些公貓，我還是不敢掉以輕心，況且這大半輩子都是那樣大聲吶喊的說話，一時半刻要改掉這習慣也是麻煩，再加上招弟皇后個性太過溫柔，我正好能輔佐她整頓後宮法紀，分擔其憂，如此想來，倒也覺得沒什麼需要改變的了。

三腳

大家在後宮要聽話，不要搗亂噢！

三腳:「跟阿瑪一起縮成一團,
一起曬太陽～暖呼呼的⋯⋯」

三腳

阿瑪

奴才點評

奴才:「三腳是後宮裡唯一生過孩子的母貓,而且還不只生了一隻。當初我們從那兩位學生中途手裡接收三腳時,就聽說了她從前被野貓野狗欺負的故事,因為三腳的手有殘缺,跑得不快也打不贏對手,所以才會老是那樣武裝自己,也因此她非常親人,對人類信任程度極高。」

奴才

小故事

後宮附近的街貓「小花」

如同三腳這樣親人的貓，其實非常多，然而不得不提到的，便是小花。每回說起小花的故事，便讓我們心中充滿無奈與愧疚，恨自己當初的猶豫不決，來不及讓小花享受她應得的溫暖幸福。

小花是後宮所在社區的浪貓之一，是一隻美麗的三花母貓，跟其他浪浪相比，小花十分親人，不論對誰，她都能立即放下心防，毫無防備的撒嬌討摸。第一次遇見小花，就看見她的右耳有缺角，代表已經是隻做過 TNR 並且剪耳的貓（做過 TNR 的貓咪，會依照男左女右的規則來做剪耳，所以看到已剪耳的貓咪，代表已被結紮，也可以順便看出性別。）

捕捉 絕育 原地放回
Trap Neuter Release

bye

這個姿勢還可以嗎？

小花：「你在拍我啊？慢慢拍，我不會跑走喔。」

曾經不只一次想要把小花抓起來，帶她去醫院檢查並且幫她找個好人家送養，卻總有新的理由告訴自己不要這麼做：「小花在這那麼多年了，會不會不適應室內的生活？」「社區的人都這麼愛小花，若大家找不到她會不會擔心難過？」諸如此類的猶豫不決，導致最終還是沒能幫小花找到家，我們以為，如此的生活方式或許對小花是最好的吧！

然而當我們都以為這真是個友愛貓咪的社區時，才發現事情不如我們想的那般美好，在這世界上，有愛貓的人，也有討厭貓的人，更可恨的是，在這些不喜歡貓的人之中，有些甚至是想傷害他們的。某天在社區機車棚遇見小花，她如往常趴在機車座墊上休息，我伸手準備摸她時，發現她的手上有流血的傷口，本想進一步查看她的傷勢，或許是因為傷口疼痛，小花一個轉身便跑掉了。

當時我們並不知道，那次與小花的相遇，竟是最後一次。我們心裡一直擔心著小花的傷勢，後來鄰居們去查看監視器畫面，才發現那天看到小花的傷口，是被社區裡的鄰居持棍棒毆打的。畫面中的小花原本待在某台機車上，犯人拿著棍棒走向她，親人的小花哪裡知道這個朝她走來的人竟是想傷害她，棍子毫不猶豫，高高舉起重重落在小花的手上，小花抽動了一下，才驚覺危險慌忙竄逃。但小花並沒有因此就害怕人，幾個小時後遇到我們，仍然不怕人，傻傻待在原地，若不是我碰觸到她的傷口，或許她也不會跑掉，也或許她還能有機會找到幸福的家。

那天之後，我們便一直想找機會帶小花去看醫生，但每次經過機車棚，總尋覓不到她的身影，一直到將近一週後，才從警衛那裡得知，小花在社區大門口發生車禍過世了。

奴才：「小花很親人，看到人就會撒嬌，怎麼摸都可以。」

以小花為主角的貼紙，奴才出席的
場合都可以免費發送給大家。

小花過世了，就這樣離開這個世界了，在她死去的那一刻，不知道她是想著人類對她的好，還是那個傷害她的人對她造成的恐懼呢？她一輩子都如此善良溫馴，最後卻還是躲不過流浪動物的宿命。經過小花的事件，我也更明白流浪動物隨時身處的危險，也更加確信了「親人」的浪浪完全不適合在外流浪，他們受到的生命威脅遠遠高於那些不親人的流浪動物。

在台灣，流浪動物的平均壽命大約三年，多半是因為疾病或發生車禍等意外而喪命，除此之外，他們的天敵還有那些不安好心的人類。台灣虐待動物的案件，往往刑罰都非常輕，明顯體現出台灣動保法的寬鬆及不足，讓虐待動物者無法可管，也失去了法律的警惕作用。印度國父甘地曾說：「一個國家的道德進步與偉大程度，看他們對待動物的方式就可以知道。」希望未來台灣致力於各項發展之前，也能提高對生命的重視，更希望所有像小花的浪浪都能享受幸福，找到溫暖的家。

奴才

三腳點評

三腳：「小花真的太可憐了……大家即使不愛街貓，也不要傷害他們，他們的生命太辛苦、太短暫了。」

三腳

TITLE 一去不回的太醫院

written by Socles

要不是當年的那場雨，和那台機車，我不會出現在這裡……

Day 2015

Socles：「這是我剛來後宮的照片……當時好清瘦啊！」

76

你看看！柚子是不是在偷看我？公貓就是這麼令我困擾！

好色的公貓

我要附議三腳娘娘所說的話，臭公貓最討厭了，我也不喜歡公貓。阿瑪和嚕嚕老是色迷迷盯著我，讓我覺得很不舒服，所以我才總是躲著他們，如果只是遠遠看也就算了，可偏偏他們有時竟還想靠近觸摸我，真的讓我覺得好困擾。

但如果說起為何討厭公貓，其實我的原因卻又跟三腳娘娘完全不同。三腳娘娘是因為從前被外頭的壞公貓欺負，而我卻正好相反，我討厭這些公貓的原因，是因為我的心裡只容得下一位公貓，而那正是我這輩子遇到的第一位公貓，也是全世界最優秀的公貓，他有一雙圓圓的大眼睛，長得帥氣又高大魁梧，行為舉止更是風度翩翩，他就是 Chylus（區了斯）。

Socles：「我睡覺……都會睡很熟……很熟……」

載我迎向未來的機車

從小我就沒有父母親，也沒有其他家人，一直以來的記憶就只有我自己，不過印象中，我在外流浪才沒幾天，就遇到了當時的奴才。記得是在一個下雨天，我獨自在大街上奔跑著，雨下得很大，街上到處都是積水，馬路上人車穿梭，我隨機跳上了一台機車的腳踏墊上躲著，那個位置恰巧淋不到雨，是個溫暖的好地方。

後來我似乎是放心的睡著了，睡夢中浮浮沈沈，街上依然車聲、人聲鼎沸，伴隨著風聲雨聲，以至於周遭有什麼變化，我也渾然不知。等到醒來時，才發現眼前有個人類哥哥彷彿在呼喚著我，這時我才驚覺，周遭的環境已經完全不同，街上的嘈雜聲沒了，取而代之的是安靜的巷弄，可想而知，就是眼前的這位哥哥，騎著機車，把睡著的我一路帶到這來的。

睡……睡一覺起來，就在陌生的地方，然後身邊還多了兩隻貓，那時候還真是錯愕～

Aris

Chylus

其實我當下是嚇得腿都軟了，畢竟我只是睡了一覺，結果一醒來就被陌生人類帶到陌生的地方，他看我沒有要逃跑的樣子，便把我輕輕抱起，讓我跟著他回家，回到家才發現家裡還有另外一個看起來很溫柔的人類姊姊，此外，還有兩隻貓，其中一隻叫做 Aris，另一隻就是 Chylus。

Aris 打從一開始就不太喜歡我的樣子，所以我也不喜歡她，但是 Chylus 就不同了，他總是時時在旁邊照顧著我，給我提醒和幫助。從小就沒有家人的我，遇到了 Chylus，才第一次有了被保護的感覺，對我而言，Chylus 像是家人，也像朋友，更是體貼的伴侶，我們總一起玩耍、一起吃飯、一起睡覺，開心的過著每一天，原以為幸福的日子會這樣一直下去，直到有天，有個人來到我們家，就什麼都改變了。

陌生人來訪

那個人就是志銘奴才，其實他剛進門時，我本來覺得沒什麼，但是後來馬上就察覺出其中的不單純，他手裡拿著一個提籠，那個提籠的樣子我認得，每次只要姊姊拿出那個提籠，就是要把我抓去看太醫，雖然去看太醫也沒什麼大不了，但我就是不喜歡啊，我自己的身體都照顧得很好，為什麼非得要我去給太醫看呢？

所以我開始跑了起來，不想讓他們抓到，我邊跑邊呼救，希望 Chylus 能救救我，但他不但不救我，還一副老神在在，覺得我大驚小怪的模樣，繼續自在的趴在那兒不動。

過沒多久，我終究還是被抓到了，雖然不情不願，但也不得不進提籠前往太醫院。在太醫院被診斷過後，太醫說我健康得很，沒什麼大問題，於是我們便準備回家。就是說嘛，我自己的身體我自己很清楚，又沒有覺得不舒服，你們幹嘛抓我來這，浪費我的時間。沿路上我想著，等等回家一定要跟 Chylus 鬧鬧脾氣，誰叫他不救我，我一定要跟他冷戰一番。正當我一邊生著悶氣，一邊看著沿路風景，才突然發現，怎麼全是沒見過的景色，直到車子停下來後，仔細一看，才確定這是我沒來過的地方，原來，這就是後宮。

你是誰，為什麼要帶我去看太醫？然後還帶我到一堆陌生貓的地方？

Socles：「當時好傻……好天真。」

Socles：「當時後宮只有我們四個噢～」

接受安排

但是 Chylus 呢？Chylus 怎麼沒有來？怎麼只有我來了？ Chylus 還在等著我啊！你們怎麼沒有問我的意見就直接把我帶來後宮了？我好傷心，雖然後宮裡有好幾個奴才，還有好多隻貓，非常熱鬧，但是對我而言，我只想跟 Chylus 玩，只想靠在 Chylus 旁邊一起入睡，其他的貓我一概不喜歡。

但我終究沒有選擇的權利，沒有權利愛人，更沒有權利選擇我要住在哪裡。剛入宮時，只有阿瑪一隻公貓，大家都說阿瑪和 Chylus 很相像，我一定會喜歡，但那只是你們一廂情願的說法，在我看來，他們是完全不同的。外表上，阿瑪很肥胖，但 Chylus 是壯碩；而性格上，阿瑪太過於霸氣，Chylus 卻是個溫文儒雅的翩翩君子；再加上 Chylus 承諾過只愛我一個，我又怎麼可以背棄於他。

阿瑪好胖噢……
而且也太愛睡覺了！

阿瑪的女人……
招弟皇后……

雖然我進來得很突然，但
老實說，後宮住起來還算
是舒適啦～

小願望

如今，我深陷後宮之中，完全失去 Chylus 的音訊，一入後宮深似海，未來更是完全無從而知，雖然奴才們對我很好，大家也還算尊重我，不會欺負我，但在我心底，還是好想念 Chylus，他一定很後悔那天沒有阻止我被帶去太醫院，誰會知道從此我們就這樣被拆散，分隔兩地。如今，也只能是走一步算一步，希望遠在他鄉的 Chylus 能夠好好保重，希望有一天，奴才會讓我們再見一面，我有好多好多的話想要跟他說。

Socles

小故事

關於 Chylus

印象中，當初前主人是因為 Chylus 常會和 Socles 一起聯合起來欺負 Aris，為了保護 Aris 才將 Socles 送養，但至於為何非得選擇送養 Socles，我們也始終不得而知。不過早在幾年前，我們就想過要讓 Chylus 與 Socles 再見一面，但聯繫上前主人後，才知道原來 Chylus 因為腎臟病早已經過世了，當下覺得既悲傷又無奈，我所能做的只有多疼 Socles 一些，多給她一些溫暖，也希望 Chylus 在另一個世界，能祝福 Socles 平安健康，幸福快樂。

Socles：「不知道 Chylus 是不是也在曬著太陽呢？」

奴才點評

奴才：「生命就像是一段旅程，旅程上會遇到許多人，有些人
會陪在你身邊很久很久，有些人默默的離開了，你卻以為他一
直都在……也許這種思念，對 Socles 來說是種寄託吧。」

奴才

原來我是一隻貓

written by  嚕嚕

> 寫日記好像在對自己說話，不知不覺就會陷入回憶中啊……

嚕嚕：「後宮的潛規則，真的很多很多……」

幹嘛一直看我啦……

後宮有好多被害妄想的母貓

冤枉啊！我被 Socles 和三腳娘娘形容得好像是變態一樣，但是根本不是那麼回事，每次我只是要經過她們，她們從大老遠就會開始叫囂，嘴裡對著我喊著：「你不要過來！」、「色狼！」、「你這個變態不要亂摸我！」然後伴隨著超高音的尖叫聲，真的是吵死了，誰要碰妳們啊！！

有時我要去吃飯，有時我是要去喝水，甚至有時候我只是要去上廁所，妳們擋在路中間我都沒說話了，還在那邊惡貓先告狀，而且該抱怨的是我吧，每次我在上廁所時，妳們到底在門口看什麼看啊？我努力把眼神瞥向別處，就是不想跟妳們對看，但偏偏妳們老是在那邊直盯著我，害得我只要一不小心轉個頭，就會被迫跟妳們四目相交，緊接著妳們就會馬上尖叫…＃＆＊※！這世界到底有沒有天理啊！？

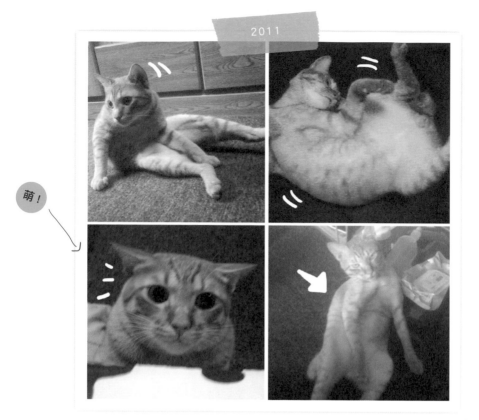

萌！

嚕嚕：「從前的我！」

從前的日子

在我來到後宮之前，我沒看過貓，也不知道貓是什麼東西，那時我住的家裡面，有爸爸媽媽還有阿公阿嬤，大家都對我很好，我們每天都過著幸福快樂的日子。平時他們不太管我，也不曾罵我，我肚子餓了就吃，睏了就睡，非常自由。

你們知道嗎？每天我最期待的時間就是晚上，因為到了晚上，爸爸媽媽就會下班回家陪我，他們吃晚餐時，我也會在旁邊吃我自己的乾乾，邊吃邊聽他們說今天在公司發生的事情，吃飽後，我們會一起在客廳沙發上看電視，但是我其實不愛看，電視裡面的人講話都很快又很急促，我常聽不懂他們在說什麼，但是沒關係，看電視不是重點，重點是爸爸媽媽會邊看邊撫摸我，這讓我感到很安心。

嚕嚕：「天啊！好丟臉的舊照片，脫光光，我被脫光光了！」

白斬雞

只剩手套……

然而，這世界上的快樂時光好像總是無法長久，總是會發生一些壞事來破壞自己習以為常的幸福。

有一天，聽說媽媽懷孕了！哇！我即將要多一個妹妹了！那我應該要怎樣扮演好一個當哥哥的角色呢？那幾天我都在思考這件事情。我想，全家最開心的一定是我了，因為有了妹妹之後，就會有人陪我玩了，爸爸媽媽上班的時候我也就不會無聊了，從此之後，終於有人可以陪我說說話，甚至我開始設想，妹妹出生後，我這個當哥哥的應該要學習幫忙一起照顧，幫忙分擔爸爸媽媽的辛苦，是時候要學著長大了，我一直這樣告訴自己，但沒想到，這些事情都是我做不到的。

把我送走的那天

某天晚上睡覺前，我聽見阿公阿嬤在跟爸爸媽媽說話，他們在討論著即將出生的妹妹，還順便提到嚕嚕，噢！嚕嚕就是我本人……他們說：「孩子要出生了，要趕快把嚕嚕送走。」什麼？我滿腦子疑惑，為什麼要把我送走？要送去哪？我聽得一頭霧水，完全不懂他們在說什麼，阿公阿嬤說，貓咪對小孩子不好，會害她生病受傷，所以一定要把嚕嚕送走。噢，原來我不是人，我是一隻貓，「我不會傷害妹妹啊！」我不停對著他們大聲辯解，但這句話是任誰都聽不懂的了。

要送我走的那個晚上，只有爸爸一人開車載我，沿路上爸爸跟我道歉，說好多好多他和媽媽對我的不捨，我好生氣，我一點都聽不進去，也完全不想理他。到了後宮之後，爸爸想要跟我告別，但我在賭氣，故意把頭撇開不理他，以為這樣爸爸就會回心轉意，把我接回家，但是爸爸只是摸摸我的頭，就轉身離開了。

生活變了

剛到後宮的日子，除了奴才以外，大家都不喜歡我。

我第一次看到後宮的貓咪們，才真正察覺到原來自己真的是隻貓。一開始我好生氣，覺得自己竟然是隻貓，我怎麼會是一隻貓？活了這麼久居然一直蒙在鼓裡！我當下真的好不爽，所以奴才派招弟來跟我打招呼時，我才會那麼生氣的對她哈氣，其實當下只是因為心態還沒調整好（準備要接受自己是一隻貓的心態），再加上第一次看到「真的貓」，所以有點遷怒，但沒想到她也當場對我生氣，後來連帶著所有的貓都對著我生氣，還在旁邊嗆聲叫我道歉！道歉？我怎麼可能道歉，從小到大都沒有人會跟我吵

我是貓……
我是貓……
我是貓……

苦悶媽的貓奴生活

Fumeancats

www.facebook.com/fumeancats

instagram:fumeancat

架，不管什麼事情爸爸媽媽都會讓我，結果一來這邊你們就要跟我吵，還不讓我，竟然還要我道歉？你們知道我是誰嗎？我爸爸說我是小霸王耶，你們都要聽我的！

後來我才知道，原來阿瑪是皇上，後宮講求的是先來後到，這是後宮的規矩。但我才不想忍氣吞聲，每次看到阿瑪的時候，我都很想挑戰他，但後宮其他貓咪都站在阿瑪那邊，我永遠都只有自己一國，雖然奴才們會幫我，但我還是好想家、好想爸爸媽媽。

我不喜歡剪指甲

後來有一天，奴才說爸爸要來看我，我好開心喔，從早到晚我都超級期待，希望爸爸趕快來救我脫離苦海，但是當我見到爸爸時，才發現爸爸是要來教奴才如何幫我剪指甲，我其實超討厭剪指甲的，以前是因為最愛爸爸了，所以我會忍耐讓他幫我剪，但是現在不一樣了，那麼久沒來看我，結果一看到我就要剪指甲，我當下又覺得好生氣，就狠狠咬了爸爸一口。本來我只是想要表達我的憤怒，沒想到爸爸手上的血一直滴，又看到奴才們很緊張的模樣，我才發現我好像做錯事了。爸爸當天離開時，對著我說：「嚕嚕，你在這邊要乖乖的喔，有空我再來看你。」隔天聽奴才們在聊著，說爸爸的傷口去醫院縫了好幾針，我聽了好難過，我真的不是故意的。

不是所有的貓都跟我一樣這麼兇狠的…我只是偶爾會壞壞的。

這樣睡覺，其實很悠哉、很舒適呢⋯⋯

嚕嚕：「這是嚕嚕我的招牌姿勢之一噢！」

看開

從那天起,爸爸就沒有再來看過我了。

現在,我已經想開,爸爸媽媽一定有他們的苦衷,才要讓我來住在後宮,我也已經明白,我再也不可能回去那個家了。但是沒關係,雖然後宮貓咪們還是跟我不太好,但我會學習著不要白目,盡量跟他們和平相處,不過對於阿瑪的挑戰,我是不打算停止的,至於奴才們對我的好,我只能用努力踏踏來回報了……

嚕嚕

小知識

貓咪也要社會化喔！

嚕嚕從小就跟人類生活在一起，導致剛到後宮時，有些社會化
不足的現象，不僅主動挑釁後宮貓咪們，連帶著咬人抓人的力
道也都控制得不太好，很容易讓人受傷。不過嚕嚕算是後宮裡
最親人的貓咪，因為喜歡人信任人，又經過這些年來與奴才們
及後宮貓咪們的磨合，現在也漸漸學著如何控制自己的脾氣與
力道囉！

我會努力的……

嘗試讓新舊貓和平相處

如果家裡原本就有貓，要再增加新貓口，建議以幼貓為優先考量。然而新舊貓都需要時間習慣彼此，若新貓一進門就馬上接觸舊貓，很容易起爭執。以下有一些小方法可以試試看喔！

Step 1 **先讓新舊貓做隔離，避免一見面的爭吵。**

新貓進門後，可以先用大小適中的籠子，把新貓隔離，讓他們先知道彼此的存在，也方便觀察彼此相處的感覺。

Step 2 **交換氣味**

用手或毛巾，觸碰貓咪鬍鬚與臉頰腺體的部位，讓他們互聞彼此、習慣對方，也可藉機觀察他們的反應。

Step 3 **見面有好禮**

等以上步驟都完成，貓咪們的反應也還算和諧的話，就可以嘗試讓他們相見歡，初次碰面時，可以給些好吃的（罐頭或零食），讓他們覺得碰面就會有好事發生，藉此產生良好的反應連結。

其實重點是給他們時間相處，不要太逼迫他們，不過還是要有個心理準備……有時處不來的貓，有可能會一輩子都無法和平共處……

小知識

懷孕養貓！到底會怎樣？

在台灣有很多貓咪就像嚕嚕一樣，因為飼主懷孕，便面臨了被棄養的命運。但懷孕真的不能養貓嗎？他們究竟在害怕些什麼呢？

大致上認為貓咪會危害到孕婦及胎兒的人，可以分為兩種，其中第一種人根本不知道為什麼要反對孕婦養貓，他們單純因為對貓咪有不好的刻板印象，他們只會說貓咪對小孩子不好，但卻說不出個所以然來，因此這些人說的話沒有任何參考價值。另一種人則是擔心貓咪會將弓蟲（又稱弓漿蟲或弓形蟲）傳染給胎兒，造成畸形兒甚至流產，但其實這樣的傳言也都只是一知半解而已。

102

胎兒受到弓蟲感染的五個必要條件

事實上要發生這樣的機率，可說是微乎其微。究竟要怎樣才能讓貓咪感染弓蟲，並且傳染給孕婦，而且還必須對胎兒造成影響呢？必須滿足下列五個條件！（缺一不可）

1. 貓咪必須是初次感染弓蟲，因為貓咪一旦感染過，就會產生抗體，終生不再感染，便幾乎沒有機會再傳染給人類。（但室內貓只要不吃生肉，便沒有感染的可能。）

- -

2. 孕婦本身也要在懷孕期間首次感染弓蟲，若是孕婦從前就曾經感染，便會產生抗體，終生免疫。

- -

3. 若貓咪真的在孕婦懷孕後才首次感染弓蟲，並且在貓咪感染的兩週內（尚未產生抗體），孕婦恰巧接觸到貓咪卵囊已孵化的糞便（卵囊並非立即有傳染性，需等一到五天才會孵化，若是每天都清貓砂，卵囊還來不及孵化就會被清除）。

- -

4. 孕婦接觸到具有傳染性的糞便之後，糞便還必須直接接觸到嘴巴。

- -

5. 即使孕婦真的因此初次感染弓蟲，也並非一定會傳染給胎兒（原則上是懷孕越初期機率越高）。

人類常常因為自己知識的不足，而容易做出錯誤的判斷，與其將心愛的貓咪棄養，還不如注意環境衛生及避免食用生食料理，下次若有長輩或是親朋好友提出把貓咪送走的建議時，記得一定要為了這些孩子據理力爭，說什麼也別拋棄他們喔！

TITLE 照顧和被照顧

written by 柚子

> 叫我柚子哥哥～

Day 2015

柚子：「不知不覺，我也變成別人的哥哥了！」

太丟臉了

原來大家都有一段這麼悲傷的過去。比起阿瑪和其他哥哥姊姊弟弟們，我的過去還真顯得有點無聊啊，哈哈！

從小我在一個新竹的家庭出生，過沒多久就被送到後宮，嚴格說來，我流浪過的時光，就只有那短短的、從新竹搭客運到台北的一個多小時，沒錯，就是這麼短，這根本像是在玩扮家家酒一樣，真是太羞辱人了，我堂堂一個男子漢，竟然沒有流浪過，唯一一次待在室外最長的時間，竟然只有一個多小時，而且還全程被保護得好好的，連我的四腳都完全沒踩踏在外頭的地面上，身為一個王爺，沒有軍功就算了，連在外面討生活的經驗都沒有，真是太羞以啟齒了！

我就是偏要叫

從小到大，我的個性就是有話就說，從不拐彎抹角，不論是對誰都一樣。記得當年要進後宮那天，有個奴婢負責帶我從新竹搭車，沿路上她竟然把我放進籠子裡，還放在她的腳下，我除了吃驚之外，還感覺到很不被尊重，那個位置燈光昏暗不說，空氣也不流通，我堂堂一個男子漢，怎麼可以這樣被踩在腳底下？

所以我不斷大聲跟她說：「我應該要坐妳旁邊的位置，妳快把我放出來……」可是她竟然假裝沒聽到，還拿東西遮住我的籠子，想要害我的聲音傳不出去。有些貓遇到這樣的情況，可能叫沒幾聲就會放棄，但是我可不一樣，我體力好得很，一點都不會覺得累，況且她越不想要我叫，我就偏要叫，我要叫得全車的人都注意到我，我要讓他們都知道本王爺現在正在這個女人的腳下受苦著。

而那個女人，雖然一副「我害得她很丟臉」的表情，但無論我怎樣大聲怒吼，她還是不肯放我出去，嘖……臉皮還真是厚啊！就這樣，我沿路放聲吶喊，她卻絲毫對我不理不睬，不僅沒有羞恥心，連一點同情心都沒有，就這樣整整讓我叫了一個多小時，才抵達目的地，後宮。

柚子：「為什麼不放我出來?!」

被照顧的我

才剛進後宮，奴才們就對於我因「沿路持續不間斷的叫」導致失聲而覺得好笑，可惡，沒有人關心我的心理狀況，也不擔心我會不會因此感到沮喪自卑，他們只有想到自己眼前的快樂，完全不顧慮到我可能從此一世英名毀於一旦。就這樣，這些人嘲笑了我整個下午，而阿瑪他們就在旁邊看好戲，完全沒打算替我抱不平的意思。

我叫那麼大聲～聲音都啞了～變 Rocker 了！

呵呵……你的聲音真好笑！

因為我是小貓，小貓初入宮，當然需要這些老貓來帶我進入狀況，教導我懂得後宮禮儀，也幫助我學會後宮的生存之道。我本來以為大家會想搶著來帶我，沒想到第一次見到我，每隻貓都故意推託，招弟、三腳說自己很忙，Socles 覺得自己經驗不足，然後嚕嚕說他自己都顧不好自己了，哪裡還有心思管我？總之最後只有阿瑪不得不勉強自己來帶我，因為不是心甘情願，所以每次見到我都一副苦瓜臉，好像我欠他的一樣。

原來「吃飯」是這個意思

記得第一次跟大家一同吃飯時，阿瑪冷冷催促我上樓，我當時根本不知道發生什麼事，只聽到奴才喊：「吃飯！」整個後宮就像是大地震一樣，大家馬上飛奔上樓，我還沒來得及從驚恐中回過神來，就被催促要跟著一起上去，邊上樓還邊被旁邊的三腳娘娘罵：「搞什麼啊？動作快一點！不想吃飯啦？還慢吞吞啊！」什麼嘛，三腳娘娘也太兇了，當時我只覺得，為什麼這個瘋女人平常不教我，只會亂罵人，我第一次跟大家一起吃飯，不懂規矩也是正常的啊，她有話就不能好好說嗎？她難道不能對我用愛的教育嗎？

總之我好生氣，而且我不懂，大家任憑三腳娘娘這樣罵人，就連阿瑪都要忍氣吞聲，卻沒有貓敢與她對抗，到底是為什麼？後來我才發現，三腳娘娘就是刀子嘴豆腐心，雖然罵貓超兇，講話很難聽，但其實心地還滿好的，我肚子餓時她會先讓我吃，冬天寒冷時她會靠在我身邊取暖，雖然總是板著一張後母的惡毒臉，語氣也總是很不客氣，但還是藏不住她對我的關心。

> 柚子，後宮的習慣要多學著點啦！

> 三腳娘娘講話很大聲，真怕她心臟病發啊～

111

我想跟小鳥姊姊大玩特玩！！

小鳥姊姊

小鳥姊姊才沒有不見

雖然大家對我都很好，不過終究只是把我當成小孩，他們只有教導我的責任，卻沒有跟我玩的興趣。每天除了吃飯、睡覺、上廁所之外，他們什麼事都不做，只會發呆，我每次想要找他們玩，他們都不理我，不然就是叫我去找奴才們，可是奴才對我更是敷衍，他們真的就只把我當作一隻貓，每次我拜託奴才們陪我玩，他們通常不會理我，只有偶爾他們很閒的時候，才會拿小鳥姊姊陪我玩，但玩沒幾分鐘就又把小鳥姊姊藏起來，然後跟我說：「小鳥姊姊不見囉！」哼！騙誰啊，我明明看見他把小鳥姊姊藏到櫃子上面那個小盒子裡，而且雖然他們每過一段時間就會偷換地方藏，但是都難逃我銳利的雙眼，每次我只要一找就會找到，後來奴才們竟然直接把小鳥姊姊藏到我打不開的箱子裡，真的很過分。

柚子：「小鳥姊姊很會飛，而且速度都
非常快！我要很專心才能抓到一兩次，
但每次抓到後，奴才都馬上叫我放開她，
我可是好不容易才抓到的！很累欸！」

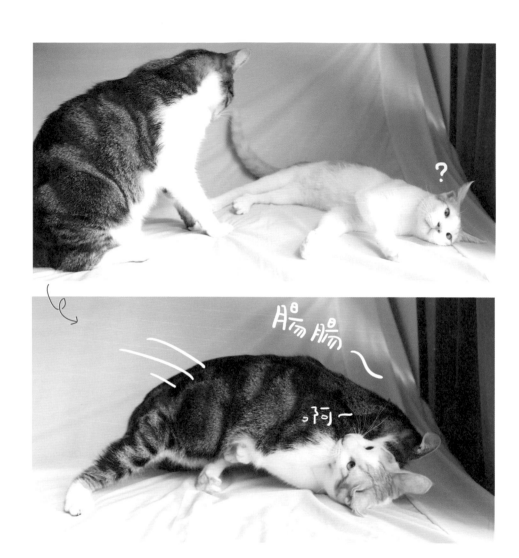

跟浣腸玩超棒的

這種無聊的日子，持續了一年多，直到浣腸進宮，我簡直開心死了，馬上自告奮勇當他的入宮導師。浣腸來了，就代表我的貓生總算會有一點變化了，從今以後，我不再是後宮裡年紀最小的小屁孩，而且最重要的是，我終於擁有真正的玩伴，不需要再去求那些不屑跟我玩的貓跟奴才了。

柚子：「怎麼玩都玩不膩～」 浣腸：「你都一直壓我！」

　　每天一大早，從睜開雙眼的那一分鐘開始，浣腸就會一直跟在我身後，當
我的小跟班，我們每天都會想出好多遊戲，玩累了就睡覺，睡飽了再吃飯，
雖然三腳娘娘每次看到我們跑來跑去時，還是會大聲罵我們，但是很奇妙
的是，以前自己被罵會覺得害怕，現在跟浣腸一起被罵，卻覺得沒什麼好
怕的了，有時候我們甚至還會故意一起跑給三腳罵，一起調皮搗蛋把後宮
弄得亂七八糟，看到大家人仰馬翻的樣子，真是超級好玩的。

啊～我很忙!!

陪我玩!!

責任感

不過，現在的生活雖然有趣，但還真是有點辛苦啊，以前就算無聊，卻可以無憂無慮地過日子，現在雖然快樂，但畢竟有了照顧浣腸的責任，就覺得好像有種當哥哥的感覺，哎呀，好像有點體會到照顧另一隻貓的感覺了呢！

柚子

柚子：「搞清楚誰是老大！」 浣腸：「啊啊～」

小知識

典型的多貓家庭

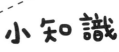

後宮可算是一個典型的多貓家庭，每當有新貓加入之時，一定會有一段新舊貓咪必須經歷的磨合期，如果新加入的貓咪已是成貓，通常會帶有自己原本的生活習慣與個性，再加上許多成貓較可能有排他性，相處起來問題會比較多，處理方式也可能會比較複雜。

而如果新來的貓咪是幼貓，我們發現到一件很有趣的事情，就是舊貓裡會推選出一位來負責帶領新來的小貓，教會小貓各式各樣

應該注意的後宮規矩。當初招弟入宮時是由阿瑪悉心帶領她，阿瑪對招弟不僅像是嚴師慈父，更像是體貼的另一半，非常溫柔；但不知為何，明明柚子也是由阿瑪指導，不過相較之下，阿瑪帶領柚子，卻感覺有些不情願，偶爾甚至會對調皮的柚子動怒，不像對招弟那樣好脾氣，然而不情願歸不情願，阿瑪卻還是認分的帶著柚子學習後宮規矩。

至於柚子對浣腸就完全不同了，浣腸剛入宮，柚子就一副迫不及待想跟浣腸一起玩的樣子，想當然爾，一解除隔離，他們倆就整天都膩在一起，柚子對浣腸也十分有耐心，更會主動陪浣腸玩耍，比起阿瑪以前帶小孩的不情不願，柚子可算是非常熱中在其中，不過這也可能是因為柚子第一次帶小孩，感到特別新鮮，而阿瑪應該是已經當過太多次保母，早就覺得無趣了吧。

奴才

阿瑪點評

阿瑪：「朕只是懶得管了，因為柚子很皮，柚子如果跟招弟一樣溫文儒雅，那朕也不會對他動怒啊～不過就算朕動怒，柚子一點也不害怕，時間久了，朕也懶得管了嘛！」

阿瑪

TITLE 緊張的我！

written by 浣腸

浣腸：「還好有進宮，不然外面好可怕！」

落難的時候

回想起過去在外流浪的日子，真是好辛苦喔，那時的我瘦瘦小小的，常常自己走在街上，沒有目的、也不知道該往哪裡走，因為沒有東西吃，所以隨時隨地都在馬路邊尋找食物，不過馬路上的貓貓狗狗們也都正在餓著肚子，他們並不會因為我年紀小就讓我，甚至總會為了食物而想要追殺我。

我還記得那天，我莫名其妙被一隻大狗追著，不知道他是太餓了還是單純不喜歡我，跑了好久他都沒要停下來的意思，直到最後我跑進一間人類的屋子，他才沒再追進來。

那個箱子

其實，這也不是第一次發生了，每次被狗追，我都好害怕，我那麼小，一旦我被抓到，怎麼可能逃得掉？我常想著，上天真是不公平，讓我的身體那麼小，卻讓那些壞狗長得那麼大，更可怕的是人類，他們的身材更是巨大，我在路上常常看到很多人類，雖然看起來沒有要害我，但我總會擔心，萬一他們其實不像表面那樣和善，萬一他們突然想要傷害我，那我逃得掉嗎？一想到這，我就不敢靠他們太近了。

那天我跑進某個人的屋子後，便躲在一個櫃子底下，突然，有人類的說話聲打斷了我的思緒，我抬頭一看，是兩個女生，而她們正由上往下看著我，還正在討論我，正當我想著不知該直視他們，還是應該轉移視線時，忽然有雙手伸出把我抓起，那瞬間我本來要逃的，但那雙手的速度太快，又抓得有點緊，我雖情急之下咬了她一口，卻還是沒能逃掉。其實說實在的，我也不知道要不要逃，抓我的那個人類姊姊，看起來並不像壞人，但我又不確定她真的不是壞人，正在猶豫不決時，我就被裝在一個箱子裡了。

奴才：「這是可以讓人類～通體舒暢的東西噢！」

!?

浣腸：「噢！我現在還
是搞不懂，為什麼要
把我弄濕，然後再把我
擦乾，這樣有什麼改變
嗎？咦？我身上好像變
乾淨了？」

謝謝 Kissa 姊姊

其實姊姊是想要救我的，她讓我暫住在她朋友的家，並照料我的生活起
居，姊姊還把遇到我的事情經過寫成一篇文章，放到網路上，裡面還
提到我的名字由來，聽說很好笑，好像還因此有很多人認識我，甚至讓
我有機會進入後宮，不過話說回來，我變得很有名是因為我長得很好笑
嗎？還是因為我的名字很好笑呢？人類的世界真是好難懂啊！

第一次見到狸貓奴才，好像不是壞人……吧？

嗨～

進入後宮的前幾天，我開始覺得有點不安，不知道去那邊會不會被欺負，我會有吃不完的飯嗎？面對未來生活的不確定，我變得有點焦慮，好在有姊姊一直陪伴著我，後宮的奴才們也有提前先來看看我，這才讓我稍微放心。

暈車

進入後宮那天，姊姊親自駕車送我入宮，我以為我會很緊張很不捨，
結果並沒有，因為我暈車了……一開始只是身體有點失去平衡，但隨
著時間一分一秒過去，狀況沒有好轉，頭反而更暈，甚至最後還吐了。
本來我打算這將會是個祕密，我絕對不跟任何人說，但沒想到姊姊一
到後宮就告訴奴才們，其他貓咪也都在一旁聽得一清二楚，導致後來
柚子哥哥每次提到這件事，都要嘲笑我好久，真是太過分了。

有……有點暈……

阿瑪：「你好好在後宮裡多學著點吧！」

浣腸：「在柚子哥哥旁邊睡覺……很安心。」

柚子哥哥是我的偶像

說到柚子哥哥，是我在後宮最棒的好朋友，從入宮的第一天開始，他就很熱情地一直隔著籠子向我打招呼，等到我被放出來後，我們更是每天都黏在一起，柚子哥除了教我好多後宮規矩之外，還會陪我玩耍，我們總是一起吃飯、一起睡覺、一起做任何事，這種有朋友的感覺真好，不像從前流浪時，整天都孤零零的。

不過我們倆在個性上，可說是完全不一樣的。遇到任何事情我都會先觀望，看清四周環境，確認沒有危險之後，才能稍稍放心，做任何事之前我一定先深思熟慮，絕對不做衝動莽撞的行為；但柚子哥哥可就不同了，他不但外向活潑，而且有膽識勇於冒險。在我心中，真的覺得柚子哥哥好帥氣，一副天不怕地不怕的樣子，只要跟著他，好像就永遠不會遇到困難一樣，這點讓我很安心。

給我時間慢慢適應

雖然在後宮的日子很快樂，但有件事情卻讓我適應了好久。不知道是不是我太膽小了，剛進宮時我總在想，柚子哥哥和其他後宮貓咪們，他們對於人類的信任程度，真是遠超過我的想像，每次看到他們被奴才們任意撫摸，甚至還主動去撒嬌，我就替他們好擔心，他們怎麼能確定奴才不會傷害他們？雖然他們都說我想太多了，還勸我要放鬆心情，但我還是常常不由自主的保持著警戒，直到時間久了，發現奴才其實對大家都滿好的，久而久之，我也才覺得沒必要提心吊膽了，奴才想要摸我時，我開始努力試著不逃跑，也盡量不要那麼緊張，這才發現，原來被人類輕輕撫摸是這麼舒服的一大樂事，之前的我竟然還在那躲躲藏藏的，真是太愚蠢了。

浣腸

我會努力試著不害怕，只是有時候膽子還是很小啦⋯⋯

小知識

面對容易緊張的貓咪

一直以來，後宮的每隻貓咪，在他們未入宮前就一直擁有十分親人的個性，也就因為這個緣故，無論他們與其他貓咪有任何爭執，我們隨時都可以擔任他們的避風港，擔任他們最好的朋友。

但是浣腸是個例外。剛入宮沒多久，我們就發現他其實不像阿瑪他們那樣親人，而且非常容易緊張，每當我們想摸他他就會彈開，只要一靠近他就會嚇到，一副把我們當壞人的樣子。第一次遇到比較不親人的貓，總會感到有點受挫，心裡會想說：「我們對你

> 不要逼迫我～這樣
> 我會看不開……

呼……這個人應該不可怕！

那麼好，你幹嘛一直害怕我們啦？」不過後來仔細想想，也許是因為浣腸小時候被狗追的經驗，讓他很容易受到驚嚇，這樣想來，就也不那麼強求了，只要他健康快樂就好。

我們所能做的就是盡量對他好，盡量討好他，希望有一天他還是可以變得與我們親近些。後來我們發現，浣腸雖然很多時間都躲在角落，但其實都在偷偷觀察我們。因為小貓常常靠模仿來學習生活經驗，於是，我們開始常在浣腸面前與其他貓咪互動，尤其是最愛撒嬌的那幾隻貓，我們盡量讓浣腸看到他們被我們撫摸、甚至是他們主動對我們撒嬌的畫面，想說或許可以讓浣腸有些耳濡目染的效果。果不其然，沒過多久，浣腸開始不再排斥被撫摸，甚至到現在已經會主動對我們撒嬌了。

奴才點評

奴才：「其實每隻貓咪的個性都不一樣，如果大家能用心去觀察，很多問題都是可以解決的喔！」

奴才

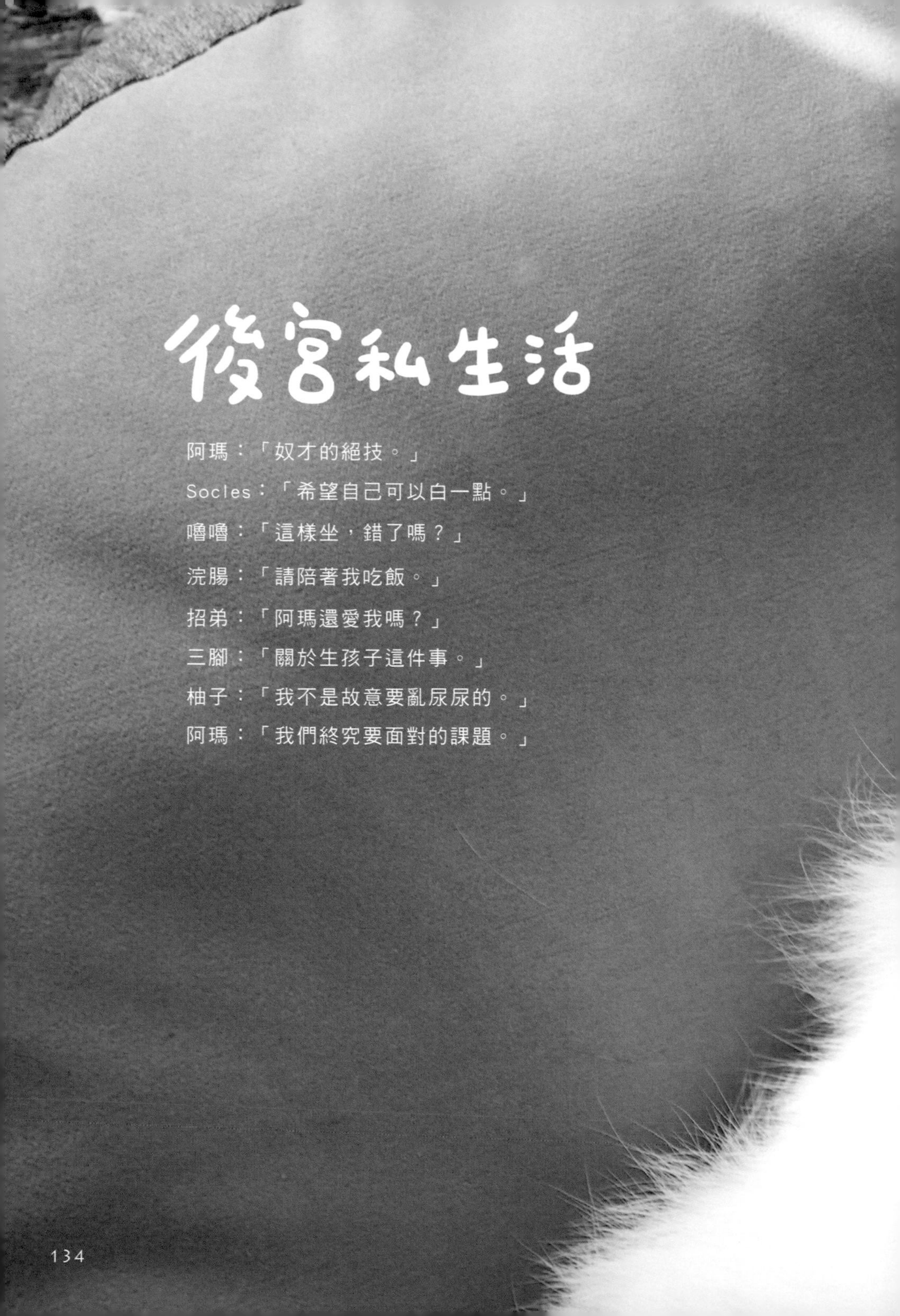

後宮私生活

阿瑪：「奴才的絕技。」

Socles：「希望自己可以白一點。」

嚕嚕：「這樣坐，錯了嗎？」

浣腸：「請陪著我吃飯。」

招弟：「阿瑪還愛我嗎？」

三腳：「關於生孩子這件事。」

柚子：「我不是故意要亂尿尿的。」

阿瑪：「我們終究要面對的課題。」

朕告訴大家，奴才必須要嚴格的訓練噢！

奴才的絕技

written by

天下每隻貓咪最大的心願，就是擁有一個愛自己的奴才，不過朕貴為天子，想要當朕的奴才，當然沒那麼簡單，除了要夠愛朕之外，還得要夠聰明。

朕的奴才懂得察言觀色，只要朕有什麼需求，他都能馬上明瞭，並且滿足朕。一般來說，朕的大部分要求，他們都能做到，不過只要牽扯到朕的膳食，他們有時就滿大膽的，竟會故意忽視朕的指令，而且時常向朕進諫朕最不想聽到的那些話，像是「阿瑪，你太胖了！」「阿瑪，你該減肥了！」「阿瑪，今晚吃少一點好不好？」不要不要不要！朕才不要減肥，朕也不要吃少一點，你們怎麼可以這麼自私，知道餓肚子是很難受的嗎？

教奴才握手

剛開始,只要朕一開口,奴才們就會奉上朕的膳食,但久而久之,他們開始試圖假裝沒聽到朕說的話,不論朕講得再大聲,他們都充耳不聞,這讓朕好生氣,便伸手想要揍奴才,沒想到奴才看到朕伸出手,也伸出自己的手來握住朕,還跟朕四眼相望,這實在是讓朕有點害羞,不過奴才似乎對於這樣的舉動感到開心,還一直想跟朕重複這樣的舉動,而且因為他們開心,便會給朕吃好好吃的點心,於是就這樣莫名其妙的教奴才們學會「握手」的技能了。

教奴才撞頭

至於「撞頭」，其實算是握手的進階版，每次都只有握手，朕覺得有些無趣，而且握手完，奴才通常只會給我一點點食物，怎麼可能會有飽足感，於是朕想，若是能再訓練奴才更多與朕的互動，或許會有意想不到的效果。果然，奴才一教就會，只要朕與他們撞頭，他們就會樂不可支，還硬要朕多撞幾下才肯罷休。雖然這兩樣技能聽起來不算太難，但是也是朕花了很多心思觀察，才能訓練成功的。朕覺得只要有心，真的沒什

看朕撞暈你！

麼做不到的,雖然天下的每個奴才個性都不一樣,也許你家的奴才要用別
種方式訓練,也或者有些奴才天生比較駑鈍,永遠學不會,但只要他們願
意安分守己,願意好好伺候你,就別計較那麼多了吧!朕希望大家都能善
待自己的奴才,千萬別因為任何原因棄養他們喔!

阿瑪

撞頭會讓你很開
心?你真奇怪。

握雙手

阿瑪:「這個雙手招術不簡單,除了天分之外,
還要讓你的奴才有足夠的訓練,方可練成。」

午休

阿瑪：「撞頭握手完，若沒什麼事，朕會先躺在落地窗前，曬曬太陽……稍作歇息。」

我只是要起身走走，拜託大家不用注意我。

希望自己可以白一點

written by  Socles

我是一隻黑貓，一隻全黑的貓，除了眼睛和指甲之外，我全身上下都黑得發亮。從前我曾對此感到滿意，黑色是多麼沈穩高雅，而且還能讓我保持低調。我從小就不是一隻喜歡出風頭的貓，要我每天像阿瑪那樣拋頭露面的，我做不到，要像三腳那樣凌駕在公貓群中，宣揚女權主義，我更是沒那個勇氣。

剛到後宮時，我總是待在角落的位置，只要躲在陰暗的角落，再加上我的膚色，就一定會是安全的。但是我畢竟是貓，不是雕像，偶爾總需要起身走動，或是上個廁所喝口水，不知是否因為平常的我太安靜了，導致每次只要我有一點點動靜，大家的目光便會立刻被聚集到我這兒，我本來以為黑色是安全的保護色，但不知道為何，每次我只要一起身，大家就會馬上注視著我，任憑我再怎麼放慢動作，他們都會發現，然後往我的方向走過來，緊接著我就會放聲尖叫。

我的身材是不是很好？
嗯？什麼？你看不到？

搭白背景，才
看得到我！

黑色影子

後來我才知道，在其他貓咪的眼中，我簡直是一團影子。平常不動還
好，一旦動起來，因為我的緊張導致步伐緩慢，反而被覺得是偷偷摸
摸、鬼鬼祟祟的樣子，在他們眼中，我的肢體自然就變成一團飄忽不
定、行蹤詭譎的影子，讓人不注意也難。

我反覆思考過，如果換成是我自己，看到像我這樣的影子，我一定也會受不了，想要衝去一探究竟的啊。但即便如此，我看到他們衝過來，我還是會不由自主的尖叫，當他們聽到我尖叫，他們就更想要來抓住我，而原本沒在注意我的其他貓咪們，也會被吸引過來，想要一探究竟。有時我仔細一看，衝過來的兩隻貓咪剛好是阿瑪和嚕嚕，他們一看到對方就為了我互相爭吵，我覺得更緊張自然就叫得更大聲了……

Socles

阿瑪：「朕沒有要抓你，只是想摸摸你，看看你啊！」

還好後宮的保護色滿多的，不然阿瑪這個變態不知道會做出什麼事來。

Socles：「你可以摸我一下嗎？就一下，好嗎？」

撒嬌

奴才：「每次放她的照片上粉絲團，都會擔心大家因為她黑、眼神兇惡，就覺得她很難親近，因此誤會了她。但其實她非常的親人、討人疼，也很會撒嬌，只是她唯一不想撒嬌的對象，大概就是阿瑪吧。」

凝視 & 疑惑

Socles：「你為什麼長得那麼像那個變態？你
跟他是什麼關係？然後你為什麼要鬥雞眼？」

這樣坐，很放鬆啊……

人有人權，貓有貓權，我有話要說！

這樣坐
錯了嗎

written by 嚕嚕

社會上每隻貓都應該擁有基本貓權，除了生存權之外，還應該保有自主活動權。我想走去哪就去哪，我愛怎麼睡就怎麼睡，每隻貓都有自己的個性與習慣，大家應該尊重他貓的生活方式，不能互相干涉。但很顯然就是有些貓不懂這些，喜歡破壞和平，管東管西的，什麼都要干涉我，連我的坐姿都要挑三揀四的，就算你是娘娘也不能這樣霸道啊。

沒錯，我就是在說三腳娘娘。

我每天自己過得好好的，為什麼三腳娘娘老愛針對我，不管我做什麼她都不順眼，什麼「坐沒坐相」？我從小到大都是這樣坐的，何錯之有？我把身體放鬆的靠在牆壁上，讓背有所支撐，再把腳放直，得到最舒適的伸展，這樣的坐姿不只舒服，還很符合貓體工學，到底有什麼不好？

我是懶得計較啦

有一次我坐在地板上享受優閒時光，明明離三腳很遠，可是她偏偏要大老遠繞路到我這邊來罵我，真是有夠煩，分明是故意找我麻煩，我只是不想跟她計較，她還以為我怕她啊？她真的以為大家都怕她嗎？才不是咧！大家只是不想跟她計較，她難道沒發覺她總是用斷掉的那隻手打我們嗎？根本一點殺傷力都沒有！要不是阿瑪下令不准忤逆娘娘，我早就反擊了，每次還要在那邊裝得很害怕的樣子，其實我根本沒在怕的，要打架我才不會輸咧！哼！

三腳：「我只是希望你姿勢要端正，很難嗎？」

沈思

嚕嚕：「曬著太陽，我開始思考我的貓生，但是
我有點無法思考，因為好舒服……好睏啊……」

盲從

嚕嚕:「柚子最近總是帶著浣腸一起看小鳥……常常
一看就是一下午,搞得我也跟著他們一起看,我也不
知道我為什麼會這樣子,我是不是怪怪的?」

奴才，你可以忙你的，我忙我的。

請陪著我吃飯

meow

written by 浣腸

後宮裡什麼都好，有哥哥姊姊陪我玩，有奴才照顧我們生活，還有好多乾乾跟罐罐，偶爾還有好吃點心可以享用，其實這樣的生活已經很棒，但是在我心中，還有一個小小的心願，希望奴才能夠答應我。

其實我想說的是，你們……你們可不可以陪我吃飯啊？

我的意思是，像我小時候剛入宮那樣，讓我在你們桌子上，你們忙你們的工作，我吃我的乾乾，而且我不需要碗盆，只要把乾乾直接倒在桌上就可以了。

一點小要求

這個要求聽起來有點幼稚，我不是害怕孤單喔，也不代表我還是小孩子喔！我只是很懷念那時候的吃飯時光，哎唷，也不是害怕跟哥哥姊姊們一起吃啦，只是，我發現跟他們一起，我總是會有點壓力，畢竟你們也知道，我吃飯速度很慢嘛，我喜歡慢慢來，我不喜歡很急的感覺，在你們的桌上，我就可以很放鬆的吃，吃個幾口還可以先去做點別的事，忙完再回來吃就好，這樣多優閒啊！但跟他們一起吃飯就不一樣了，總像在打仗一樣，我得專心一口氣把飯吃光光才可以休息，有時去忙別的事回來，我的飯就不見了，這樣的吃飯好累喔，我不喜歡。

這樣吃，才可以慢慢吃啊！

柚子：「吃飯時大家都很餓啊～當然急囉！」

大家一起吃飯不知道是
在急什麼，真是⋯⋯

所以，為了我的身心發展著想，希望奴
才們可以答應我，我以後會繼續常常幫
你們清理桌子的（例如：把桌面上的所
有小東西都掃到地板上）。

很小很小的要求

浣腸：「然後奴才，我還有最後一個很小很小
的要求，我滿喜歡你用手一顆一顆餵我吃飯的，
以後可以常常這樣嗎？」

眼花

浣腸：「我時常在想，後宮裡常常會有一個黑影跑來跑去的，那
個到底是什麼？是鬧鬼嗎？還是我眼花了？怎麼看都看不清楚
啊～」

阿瑪肚子軟軟的，
好像棉被喔～

阿瑪還愛我嗎

written by 招弟

韶光似箭，日月如梭。想當年，只有阿瑪與我待在這間屋子裡，每一天，我們的世界裡就只有彼此，睜眼閉眼也都只會想到對方，但如今，這間屋子變成後宮，轉眼間變熱鬧了，而我就只是阿瑪眾多後宮成員裡的其中一員罷了。

記得從前，阿瑪最愛替我舔毛，不論他有多累多忙，每天一定會空出時間來幫我整理儀容。我們總在午後的陽光下，躺臥在沙發互相訴說著心事，阿瑪最喜歡我窩在他的懷裡，他會用那大大的臂膀，當作我的依靠，還有用那軟軟的肚子，為我取暖。

我會學著懂事

如今，阿瑪已是皇上，有好幾十萬子民追隨著，當然不能再像從前那樣，整日無所事事陪伴著我了。前朝事務繁忙，後宮又新進了許多嬪妃及王爺，每天都有大大小小的瑣事等著阿瑪處理，或許也因為這樣，阿瑪不知有多久沒有替我舔毛了。

我相信阿瑪還是愛我的，可是需要阿瑪的不只有我一個，我應當顧全大局，不讓阿瑪為難才對。阿瑪就像是我的避風港，不論我發生什麼困難，他永遠都是我的後盾，只要阿瑪在我身邊一日，就算他沒幫我舔毛也不要緊，小時候我還不懂得照顧自己，但是如今我長大了，也學會舔毛了，從今以後，就換我來替阿瑪舔毛吧。

阿瑪：「謝謝招弟體恤朕的辛勞……」

知足

招弟：「有時候自己坐在沙發上曬著太陽～舔著自己的毛，不用期待別人來幫忙，好好對待自己，其實也很幸福呢！」

和諧

招弟:「站在這邊,可以從高處俯瞰後宮的大廳,雖然偶有爭吵,但大致也還算和諧,這是多麼得來不易啊。」

這個世界的殘酷現實，
我已深深體會過了。

孕育生命，是件很奇妙的事情……

關於生孩子
這件事情

written by 三腳

對於當過母親的我來說，在經歷懷孕且生下孩子們的那一刻，我覺得這真是一件神奇又美妙的事情，原來在我的肚子裡，也可以孕育出這些小生命，並且活生生的在我身邊嗷嗷待哺。

我本以為我和孩子們會一直幸福生活著，但面對著殘酷的現實，才發現事情並非如我所想那樣單純，這些小生命的將來完全不是我所能掌控的，我眼睜睜看著他們被欺負，看著他們被傷害，我卻無能為力保護他們。我生過的孩子有數十個，但現在卻一個都不在我身邊，他們有些在逃難中離開我後就音訊全無，有些在還沒離開我之前就被迫離開這個世界，無論我再怎麼愛他們，我終究無法保證他們一生平安，那麼，他們又何苦要來到這個世界上呢？

謝謝帶我回家的學生，
還有領養我的奴才。

我的孩子們，現
在都去哪了呢？

幸運的到來

幸虧後來我遇到了那兩位好心
人，他們讓我不必再懷孕，不
必再受這些痛苦折磨，身為一
隻流浪貓，我連我是否能呼吸
到明日的空氣都不知道了，又
有什麼資格讓孩子陪著我受苦
呢？

媽~

170

如今我已進入阿瑪的後宮，過去種種早已如雲煙消散，如今看到奴才們願意把沒有家的孩子們一一帶回後宮，其實內心是很欣慰的，身為一個曾經傷心的母親，自然更能懂得這些孩子母親的心願，必定是希望他們能一生平安。我常在想，外頭不知還有多少孩子正在流離失所，希望有天他們都能免除恐懼，找到屬於他們自己溫暖的家。

招弟：「我雖沒生過孩子，但身為女性，聽到三腳的心聲，有點心酸……」

希望天下的孩子們都能得上天眷顧，得到保護。

過去

奴才:「認識妳的時候,妳就少了一隻手,還聽說很常被
欺負,妳一定過得很辛苦。」

三腳:「那些都過去了,謝謝奴才願意當我的另外一隻手。」

發福

三腳：「吃飽，睡好，就會發現幸福。」

奴才，你看浣腸，他才是亂尿始祖！

我不是故意要亂尿尿的

written by 柚子 ✏️

我想要先自首一件事情，其實，最近後宮裡讓奴才很生氣的「亂尿尿事件」，犯人之一就是我啦！不過，我不是故意的，要怪就要去怪浣腸，都是他害的喔。

就是浣腸帶頭亂尿尿的，其實我也不懂，他到底哪來的膽子。我第一次發現浣腸亂尿尿，是在某天早上放飯前，大家一如往常都在等著吃飯，只有浣腸鬼鬼祟祟地跑到沙發上拚命用鼻子嗅東嗅西的，我還在想說，那邊是有什麼好吃的食物嗎？然後我就親眼看到浣腸尿尿了，而且好大一泡，果然是早上起床的第一泡尿呢！後來理所當然讓奴才很不開心，不過他也不能把浣腸怎樣，這件事情也就不了了之。

裡面不是水，是浣腸的
某種黃色排泄物。

我也不知道我怎麼了

我問浣腸：「你幹嘛要亂尿尿？你不是早就知道後宮的廁所位置了
嗎？」浣腸支支吾吾也說不出個所以然，我就猜想或許他只是小孩子，
一時尿急胡亂隨地小便吧。誰知道沒過幾天，浣腸又尿了，而且最扯的
是，嚕嚕也跟著尿，還有我……我不知道為什麼也……也尿了。

相信我，我真的不知道為什麼，浣腸變得好奇怪，他全身上下都散發出
一種讓我不舒服的感覺。我相信嚕嚕也感覺到了，喔對了，招弟娘娘一
定也有察覺異狀，因為我們都尿了，但我們都不知道為什麼，我一聞到
浣腸身上傳來的氣息，我就好想狠狠撒一泡尿蓋掉他傳來的味道。就這
樣，奴才每天不停換洗沙發套、清洗角落的地板，清理桌面（對，浣腸
連桌上、碗盆內都尿！），卻始終解決不了這個問題。

這是柚子的尿。還好
沙發有用保潔墊……

雖然我們和奴才都不清楚到底發生什麼事，但阿瑪和三腳似乎心裡很明白的樣子，他們不停對著奴才大吼：「快切掉浣腸的蛋蛋！」可惜奴才什麼都聽不懂，真是愚笨。就這樣又拖了好一陣子，直到某天，奴才不知道是哪裡開竅了，竟然真的把浣腸送去太醫院切掉蛋蛋，神奇的是，浣腸那討人厭的味道竟然就真的因此消失了，連浣腸自己都覺得疑惑，我們更覺得像是做了一場噩夢，你們知道嗎？要每天一直到處找不一樣的地方亂尿尿，也是超級辛苦的！

浣腸蛋蛋

浣腸：「原來是浣蛋惹的禍……」

原來蛋蛋拿掉後，事情就解決了！早點做不就好了嗎？真笨！

好哥哥

柚子：「奴才，我會認真擔任好哥哥的角色，
幫你看好浣腸有沒有再亂尿尿的。」

奴才：「你看起來很不認真耶⋯」

壞弟弟

柚子：「你不要再亂尿了！奴才很困擾！」

浣腸：「你自己不是也有尿！還敢說我！哼！」

太陽要下山了，今天
又要結束了呢。

珍惜跟我們相處的
每一天，就是我們
最大的幸福。

written by 阿瑪

生死有命，富貴在天，我們既無法決定我們在何處出生，也無法作主何時必須離開這個世界。朕常常望著窗外的天空想像著，若是朕當年不曾遇見奴才，又或者是被別的奴才帶回家去，那現在的生活會是怎樣呢？說不定可以遇見一個富貴奴才給朕過更奢華的生活，但也說不定會遇到個變態殺手將朕殘忍虐殺。

朕時常閱讀子民們上奏的折子，除了滔滔不絕訴說對朕的景仰愛慕外，有些會提及自己與主子的生活點滴，其中有歡笑也有淚水，然而這些生活畫面，都成了每個奴才面對生活挑戰不可或缺的心靈雞湯。朕知道，這些主子都被你們捧在手心裡，他們過的生活，一定不會比朕差。然而，越是親愛，面對離別時，才越是難以割捨。

總會有離別的那一天

面對主子仙逝，許多奴才總會悲傷到難以承受。朕也曾想過，有一天若朕真的駕崩了（不是剪指甲的那種），那朕的奴才們，還有朕的數十萬子民們該怎麼辦？你們能夠懂得好好照顧自己嗎？

雖然朕現在身強體壯，但是「生老病死」是任誰都躲不過的生命歷程，總有一天，我們都必須去面對，朕是如此，每個子民家中的主子們也都是如此。我們畢竟是貓，我們都會比你們還要早離開這個世界，若是我們離開了，你們能不能夠答應朕，無論如何都該好好照顧自己，也要好好繼續愛護這世界上跟朕一樣的同類，把對我們的愛，繼續付出在下一個還找不到家的孩子們。朕要你們好好生活，繼續努力向前，如此一來才不會讓即將離去的我們擔憂且迷失了方向。

趁太陽下山前，好好的理理毛吧！

也許現在談這些都還算言之過早，但生命苦短，明日的世界又有誰能夠預料呢？希望子民們都能懂得珍惜與主子們的幸福時光，朕願天下萬民福泰安康，事事遂心。

奴才：「太陽還沒下山就睡著了……」

後宮內心話 PART3

後宮你問我答，QA 問題集！

後記

領養須知

子民 請問奴才，有用什麼東西，特別幫他們保養毛色嗎？後宮都好漂亮！
讚‧回覆　2015年12月28日 22:47

子民 請問Socles，你都是這麼酷嗎？
讚‧回覆　2015年12月29日 18:21

子民 為什麼有些貓咪腿很短，後宮他們的腿都那麼長呢？好羨慕啊！
讚‧回覆　2015年12月28日 21:05

子民 請問奴才會建議貓要「拔」指甲嗎？
讚‧回覆　2015年12月29日 15:13

子民 請問奴才，最近我朋友領養隻流浪貓，該怎樣讓貓跟他更親近呢？
讚‧回覆　2015年12月29日 18:25

子民 請問奴才，我的小貓肉球是黑色的請問他長大後會變粉紅色的嗎？
讚‧回覆　2015年12月29日 05:05

子民 阿瑪你愛奴才嗎？他們的工作表現你覺得如何呢？
讚‧回覆　2015年12月28日 21:48

子民 在晚上阿瑪和後宮們會和奴才一起睡覺嗎？
讚‧回覆　2015年12月28日 19:12

子民 阿瑪你愛子民嗎？
讚 · 回覆 2015年12月28日 20:03

子民 請問我的貓跑出去了，會回來嗎？
讚 · 回覆 2015年12月28日 18:18

子民 後宮們的「分量」排序是……？
讚 · 回覆 2015年12月29日 12:44

子民 請問後宮們會吃塑膠袋和面紙嗎？
讚 · 回覆 2015年12月28日 18:01

子民 從來沒有照顧過小動物的人來說，
可否說一下認養前的心理準備？
讚 · 回覆 2015年12月28日 19:04

子民 阿瑪，我們家的貓咪都不愛叫欸，
要怎樣才能跟你一樣呢？
讚 · 回覆 2015年12月28日 12:13

子民 後宮有沒有不愛喝水的呢？有什麼
方法讓他們多喝水呢？
讚 · 回覆 2015年12月30日 01:34

子民 請問浣腸，你為什麼會鬥雞眼？
讚 · 回覆 2015年12月29日 19:12

子民 請問後宮的貓咪有剃毛過嗎？
讚 · 回覆 2015年12月28日 18:24

子民 請問後宮裏面，總共有幾個貓砂盆
呢？都擺在一起嗎？
讚 · 回覆 2015年12月28日 20:56

子民 奴才不在時，後宮們都在做什麼？
讚 · 回覆 2015年12月28日 18:11

子民 到底為什麼阿瑪會一直叫呢？
讚 · 回覆 2015年12月28日 18:50

子民 阿瑪多久洗一次澡？
讚 · 回覆 2015年12月28日 18:03

子民 請問阿瑪，我家的小貓是從小養大
的，我對他很好，可是他為什麼都不會跟
我親近呢？只有心情好會撒嬌。
讚 · 回覆 2015年12月29日 05:00

後宮你問朕答！

QA 問題集！

Q 阿瑪你愛子民嗎？

瑪 朕是一國之君，朕愛所有的子民。

Q 請問有用什麼東西，特別幫他們保養毛色嗎？後宮都好漂亮！

奴 沒有，他們天生麗質。若真要說的話，是給予他們無止盡的愛。

Q 阿瑪你怎麼看，柚子跟浣腸呢？

瑪 隨他們去吧，小孩子玩玩罷了。

Q 請問奴才會建議貓要拔指甲嗎？

奴 幫貓咪拔指甲，又叫作「去爪手術」，這是非常殘忍而且沒有必要的行為，貓咪的指甲只需要定期修剪，而不該用類似「將人的手指切除」的方式來去除他們的爪子，這不僅會讓他們失去攀爬能力（有可能因此失足摔傷），更會讓他們造成心理陰影而衍生更多行為問題。

Q 阿瑪多久洗一次澡呢？

奴 後宮的貓咪們已經好幾年沒洗過澡囉，貓咪其實不太需要洗澡，而且幫怕水的貓咪洗澡，反而容易受到驚嚇導致生病。

Q 請問後宮們有剃毛過嗎？

奴 只有嚕嚕以前在舊家有，其他都完全沒有喔。沒有特殊的原因，其實不用幫他們剃毛喔。

Q 奴才不在時，後宮們都在做什麼？會不會搗亂？

奴 會把他們愛玩的東西藏好，比如說電線、易碎品，不讓他們有任何機會破壞後宮。

Q 到底為什麼阿瑪會一直叫呢？

瑪 誰跟你叫，是朕在講話！因為奴才都不聽朕的話，朕才會一直碎碎唸，朕也是會煩的！

看清楚我了吧？

好多問題！
眼花了啊～

Q 我朋友領養了隻流浪貓，請問
該怎麼讓貓跟他更親近呢？

奴 每隻貓的個性不同，但不親人很
有可能是不適應環境，多給他一
點時間，慢慢陪伴他。浣腸也有
過這種緊張時期喔。

Q 請問奴才，我的小貓肉球是黑色
的，請問長大後會變色嗎？

奴 不會喔，這是天生的！

Q 浣腸你為什麼會鬥雞眼？

浣 我天生就這樣，看不開啊！

Q 請問 Socles，你都是這麼酷嗎？

S 我只是黑黑的而已，沒有酷吧？

Q 嚕嚕為什麼會有那種坐姿？

嚕 舒服啊！為何不能呢？

Q 阿瑪你愛奴才嗎？他們平常的
工作表現如何？

瑪 他們每天早晚各花一小時清貓
砂，還會給朕準備正餐，吃點
心，算是還不錯，只是食物可
以再給多一點就更好了。

Q 請問後宮會吃塑膠袋之類的嗎？

奴 阿瑪和嚕嚕愛咬塑膠袋，所以
要把塑膠袋全部都藏好。

Q 後宮裡總共有幾個貓砂盆呢？
都是擺在一起的嗎？

奴 後宮有兩層樓，樓上貓房放三
個，樓下放五個，都是分開放
在角落，或他們常經過的地方。

Q 我的貓跑出去了，請問他會自
己回來嗎？

奴 其實不一定，貓咪很好奇，有
時候出去只是逛逛，有些會記
得回家，有些不會，或是遇到
危險（被狗咬、車禍）。

問完了嗎？
我要去看鳥！

Z ...
Z ...
Z ...

Q 晚上後宮會跟奴才一起睡嗎？

奴 不會，奴才會把自己關起來，不讓貓咪進到奴才的陋室。

Q 後宮們的分量排行是？

瑪 這個問題真的很大膽！

奴 奴才幫皇上來回答吧！由重到輕排列：阿瑪 > 嚕嚕 > 三腳 > 柚子 > 招弟 > Socles > 浣腸

Q 對從來沒有照顧過或養過小動物的人來說，飼養前，要有什麼心理準備呢？

奴 首先，要養一隻動物，都必須先有對的心態，要把他們當成家人，千萬不要三分鐘熱度，只是覺得可愛就要養，你要知道，照顧他們要花時間，他有可能會不符合你的期望，會亂尿尿、半夜吵鬧、破壞東西、讓你過敏等狀況，你有足夠的耐心面對和處理這些事情嗎？捫心自問後，再決定要不要養喔。

Q 後宮有沒有不愛喝水的呢？有什麼方法讓他們多喝水呢？

奴 貓咪其實不太會感覺到口渴，他們主動喝水都是身體很缺水時，才會喝上幾口，所以要偶爾補充水分。像後宮就是在吃罐頭時，拌入適量的水，讓他們能確實地喝下足夠的水分。也要適時的去健康檢查，因為現代家貓最常生的病就是腎臟病（水分不足）。

Q 請問後宮一天吃幾餐？多久吃一次罐頭呢？

奴 一天大約吃三餐，早中晚，一次兩～三湯匙左右，主食罐一週吃兩～三次，看他們喝水量而定。

Q 柚子你一天可以坐在落地窗前，看鳥看幾個小時？

柚 我可以除了吃飯和睡覺以外，都在看鳥喔～

我可是兇得有原則啊！

子民真的好多問題啊～

Q 要怎麼把貓養得跟阿瑪一樣胖呢？

奴 其實沒有刻意把阿瑪餵胖，可能是阿瑪年紀大，新陳代謝較差，所以才較胖，另外就是本身體質的問題了……所以不用刻意餵胖喔！自然就是美啊！

Q 為什麼三腳這麼兇？

三 我可是後宮的風紀股長！當然要有足夠的威嚴啊！

Q 招弟為什麼不常講話？

招 我比較喜歡靜靜觀察大家～

Q 阿瑪的影片都很好看，平均剪輯一支影片要花多久時間呢？

奴 若不討論拍攝的時間，在後製剪輯時，需要先把所有素材看過一次，然後挑選出可用的片段，再加上字幕，配上適合的音樂，大約要花上 10～12 小時不等。

Q 貓咪怕出門，要怎麼改善？

奴 貓咪跟狗不同，有些貓面對陌生的環境容易緊張，甚至會爆衝導致意外。若非必要，建議不用常常帶出門喔，若要出門，貓繩等防備用品要準備好！

Q 為什麼阿瑪不出門呢？

奴 除了上面提到的原因之外，還有就是，因為阿瑪不習慣在貓砂以外的地方上廁所，若是長時間的場合他就容易憋尿，而且人太多，阿瑪會覺得被注視，這感覺阿瑪似乎不太喜歡。雖然阿瑪出門還是算穩定的，但為了阿瑪的身體健康，還是會儘量少出門的喔。

Q 萬睡皇朝的立國準則是？

瑪 領養代替購買！重視生命，善待街貓！

後記！🖊

準備截稿的這幾天，正是氣候轉換的時節，汐止陰冷的天氣，也讓後宮貓咪們先後前往太醫院報到，無論是噴霧治療、或是為了不讓貓咪再次著涼所做的隔離及保暖措施，只要是為他們好，就都沒什麼好猶豫的。

只是三番兩次為了貓咪們跑往動物醫院，反倒忘記自己也因這天氣患了重感冒，明明覺得不太舒服，但一想到去看醫生要掛號、要等待，就覺得既繁瑣又浪費時間。仔細一想，這不就如同父母照顧小孩一樣，對於他們總是事事小心斟酌，相較之下，對自己就顯得有點隨便了。

奴才 / 志銘

相較於《阿瑪建國史》，籌備《後宮交換日記》真是辛苦了許多，辛苦的點不是書的內容，而是後宮那群貓。

每當我跟志銘為了排版與內容在仔細討論的時候，門邊就會傳來敲門的聲音，是阿瑪想要來討零食，好，我開門讓他進來吃，吃完讓他出去。準備繼續會議時，門邊又傳來聲音，這次是浣腸想要來桌邊吃飯，好，我開門讓他進來吃，吃完再請他出去。等我再次準備好心情後，又傳來敲門聲 ... 什麼！阿瑪怎麼又是你？你不是才剛吃完嗎？然後三腳看到阿瑪這樣，也開始跟著一起狂敲門，以上情境不斷循環 ... 只能說在冬天，貓咪們真的很容易肚子餓啊！

還有在這段期間，後宮不斷有貓感冒，一開始是柚子，接著傳染給別隻貓，有一陣子大家都在打噴嚏，後來 Socles 變得比較嚴重，還住院住了四天，好在現在大家都痊癒了，又可以繼續煩我們了……（笑）

奴才 / 狸貓

190

領養須知

大家若想要領養貓咪，只要在網路上輸入相關關鍵字（例如：全國、認養、收容所……），就可以找到許多相關網站資訊。大家也可以根據自己的地區需求，透過各地的網路 facebook 社團網站，找到最適合自己的認養管道。

不過要注意的是，多數私人貓咪中途，為了確保貓咪未來的安全，會自訂一些**領養人條款**，除了需要領養人提供相關個人資訊（包含年齡、家庭成員、經濟狀況、未來生涯規畫……）及結紮保證金（通常貓咪絕育後即可退還）外，也會約定好，日後需不定期做家庭拜訪，並需認養人做出未來假設性承諾。

假設性問題！

未來另一半若不接受貓咪該如何處理？

與現任伴侶分手，貓咪該由誰照料？

若要當兵、出國又該由誰負責照顧貓咪？

種種私人問題的詢問及繁複的要求，都是為了讓這些貓咪能有優良的飼主、安全的生活。

其實若已經做好心理準備，要迎接一個新的生命來到家中，這些付出及考驗都是很值得的，越是嚴苛的認養條件，就代表著這個送養人越重視這隻貓咪。就好比人類認養小孩，其中的認養程序才更是複雜麻煩呢！希望大家都能順利迎回自己的小主子，也希望全天下的浪浪都能早日找到屬於自己的家，迎向溫暖幸福的未來。

黃阿瑪的後宮生活 Fumeancats

後宮交換日記

作　　　者／志銘與狸貓
排版＆美術設計／米花映像
企畫選書人／張莉榮

總 編 輯／賈俊國
副總編輯／蘇士尹
執行主編／黃冠升
行銷企畫／張莉榮、廖可筠

發 行 人／何飛鵬
出　　　版／布克文化出版事業部
　　　　　台北市中山區民生東路二段 141 號 8 樓
　　　　　電話：(02)2500-7008　傳真：(02)2502-7676
　　　　　Email：sbooker.service@cite.com.tw
發　　　行／英屬蓋曼群島商家庭傳媒股份有限公司城邦分公司
　　　　　台北市中山區民生東路二段 141 號 2 樓
　　　　　書蟲客服服務專線：(02)2500-7718；2500-7719
　　　　　24 小時傳真專線：(02)2500-1990；2500-1991
　　　　　劃撥帳號：19863813；戶名：書蟲股份有限公司
　　　　　讀者服務信箱：service@readingclub.com.tw
香港發行所／城邦（香港）出版集團有限公司
　　　　　香港灣仔駱克道 193 號東超商業中心 1 樓
　　　　　電話：+852-2508-6231　　傳真：+852-2578-9337
　　　　　Email：hkcite@biznetvigator.com
馬新發行所／城邦（馬新）出版集團 Cit　 (M) Sdn. Bhd.
　　　　　41, Jalan Radin Anum, Bandar Baru Sri Petaling,
　　　　　57000 Kuala Lumpur, Malaysia
　　　　　電話：+603- 9057-8822　　傳真：+603- 9057-6622
　　　　　Email：cite@cite.com.my
印　　　刷／卡樂彩色製版印刷有限公司
初　　　版／2016 年（民 105）02 月
初版 84 刷／2023 年（民 112）02 月
售　　　價／350 元

城邦讀書花園　布克文化
www.cite.com.tw　www.sbooker.com.tw